智能制造工程师系列

电工电子技术项目实践

主 编 周国娟 李 芳 元 娜
副主编 于福华 吴新杰 王红英 李俊粉
参 编 孟淑丽 杨春芝 熊国灿 魏仁胜 张 跃

机械工业出版社

本书围绕智能家居设计了 8 个实践项目，分别为家庭照明电路的设计与安装、迷你小台灯的设计与制作、电风扇电路的分析与测试、手机充电器的设计与安装、三相异步电动机的连接与测试、迷你音响的设计与制作、三人表决器的设计与制作、数字秒表的设计与制作。包含了维修电工、低压电工及从事电类相关职业岗位必需的电工电子技术基础知识、基本方法和必备技能。

本书可作为高等职业院校电气自动化、机电一体化、应用电子技术等电类专业的电工电子技术教材，也可作为工程技术人员的自学参考书。

本书配有教学视频（扫描书中二维码直接观看）及电子课件等教学资源，需要配套资源的教师可登录机械工业出版社教育服务网 www.cmpedu.com 免费注册后下载。

图书在版编目（CIP）数据

电工电子技术项目实践/周国娟，李芳，元娜主编. —北京：机械工业出版社，2022.7（2025.1重印）

（智能制造工程师系列）

ISBN 978-7-111-71156-8

Ⅰ.①电⋯ Ⅱ.①周⋯②李⋯③元⋯ Ⅲ.①电工技术-高等职业教育-教材②电子技术-高等职业教育-教材 Ⅳ.①TM②TN

中国版本图书馆 CIP 数据核字（2022）第 115087 号

机械工业出版社（北京市百万庄大街 22 号　邮政编码 100037）
策划编辑：罗　莉　　　　　　责任编辑：罗　莉
责任校对：张晓蓉　王　延　封面设计：鞠　杨
责任印制：单爱军
北京虎彩文化传播有限公司印刷
2025 年 1 月第 1 版第 3 次印刷
184mm×260mm・21.5 印张・526 千字
标准书号：ISBN 978-7-111-71156-8
定价：79.00 元

电话服务　　　　　　　　　网络服务
客服电话：010-88361066　　机　工　官　网：www.cmpbook.com
　　　　　010-88379833　　机　工　官　博：weibo.com/cmp1952
　　　　　010-68326294　　金　书　网：www.golden-book.com
封底无防伪标均为盗版　　　机工教育服务网：www.cmpedu.com

Preface 前　言

本书是高职高专电类相关专业的电工电子技术教材，由技术经验丰富的企业高级工程师和在电类专业教学多年的一线教师共同编写而成。本书贯彻"岗课赛证"融通的理念，对接电工、电气工程师及电子设备安装调试等实际岗位，以职业技能为本位，以应用为目的，融合低压电工、维修电工证书规定的知识、技能和标准，紧紧围绕智慧园区及智能家居领域，紧贴生活和生产实际进行设计。本书适用面广，实用性和操作性强。

电工电子技术课程是一门专业基础课程，通常在大学一年级开设，是后续专业课学习和技能提升的基础课程，也是电类相关专业必须开设的课程。本书结合专业特点、岗位需求和课程教学要求，内容包括电工基础、电路分析、模拟电子技术、数字电子技术、元器件识别、工具与仪器仪表的使用等知识内容。在内容的设计上打破了传统的理论知识体系，以贴近学习者生活的电气和电子设备为项目载体，采用模块化设计，共设计了8个项目，每个模块本身是一个独立的项目，每个项目是多个任务的综合，每个任务均采用活页设计，包括任务工单、知识储备、任务实施、评价反馈、任务总结等几部分。在知识储备部分设计了微课和视频学习资源，学习者可以通过扫描本书中的二维码观看微课或视频资料进行学习。

本书的编撰依托北京经济管理职业学院西门子智能制造工程师学院项目的支持，在内容的组织与安排上有以下特点：

1. 融入思政元素，强化育人目标，每个项目的开始都设计有一句启智的语句，每个项目都设有不同的思政核心，每个任务都有思政目标，从知识讲解到实操演练，不同环节设置不同的思政聚焦，实现立德树人的目的。

2. 采用活页式设计，整本书以项目为载体，采用任务活页式设计，以项目带知识点，重构课程知识体系，做到用什么讲什么，针对性强，目标明确，知识上注重基础、实用和够用，操作上注重规范、标准和安全，技能上注重能够达到岗位能力的要求，素质上注重实际岗位胜任力。

3. 强调校企合作，引入企业实际生产案例，校企共同组建教材编写团队，以企业实际工作过程和标准设计项目任务，解决人才培养的适应性问题。

本书由周国娟、李芳、元娜任主编，负责教材的规划、设计和统稿。于福华、吴新杰、王红英、李俊粉任副主编，孟淑丽、杨春芝、熊国灿、魏仁胜、张跃参编。学生王证、宋硕、王略同、高墨涵、孙荣强参与绘图和校稿。编者所在单位北京经济管理职业学院有关领导和同事也给予了很多支持和帮助；西门子（中国）有限公司的元娜总监和张跃经理、西门子西伯乐斯公司的杨春芝工程师为本书提供实际案例和技术指导，在此一并表示衷心感谢。

限于编者水平，书中难免存在不妥之处，恳请读者提出宝贵意见，以便今后修订和完善。

编　者

二维码清单

名称	图形	名称	图形
项目一 任务一 电力传输系统		项目三 任务一-3-示波器的使用	
项目一 任务二 家庭照明电路的设计		项目三 任务二-1-电感元件的识别与检测	
项目一 任务三 家庭照明电路的安装与安全用电		项目三 任务二-2-电容元件的识别与检测	
项目二 任务一 电路的基本物理量		项目三 任务二-3-电阻正弦交流电路特性	
项目二 任务二 电路的基本元件		项目三 任务二-4-电感正弦交流电路特性	
项目二 任务三 基尔霍夫定律		项目三 任务二-5-电容正弦交流电路特性	
项目二 任务四 直流电路分析方法		项目四 任务一 变压器介绍	
项目三 任务一-1-电风扇的工作原理		项目四 任务二 二极管的检测和相关电路的分析	
项目三 任务一-2-正弦交流电的产生		项目四 任务三 焊接技术	

（续）

名称	图形	名称	图形
项目五　任务一　三相异步电动机		项目七　任务一-3-门电路识别	
项目五　任务二　三相异步电动机的星形联结		项目七　任务一-4-门电路电气参数	
项目五　任务三　三相异步电动机的三角形联结		项目七　任务二-1-真值表与表达式间的转换	
项目六　任务一-1-半导体材料		项目七　任务二-2-表达式与逻辑图间的转换	
项目六　任务一-2-PN结		项目七　任务二-3-组合电路的分析方法	
项目六　任务一-3-晶体管		项目八　任务一-1-RS触发器	
项目六　任务一-4-基本放大电路		项目八　任务一-2-JK触发器	
项目六　任务二　集成运算放大器		项目八　任务二-时序逻辑电路的分析	
项目七　任务一-1-二进制		项目八　任务三-计数器	
项目七　任务一-2-逻辑关系		项目八　任务四-译码器	

（续）

名称	图形	名称	图形
项目八　任务七-数字秒表的设计与制作		项目三-任务二-思政聚焦-物理学家亨利的故事	
项目一-任务一-思政聚焦-中国电力的飞速发展历程		项目三-任务三-思政聚焦-绿色低碳、节约能源	
项目一-任务二-思政聚焦-恪守职业道德，从爱护仪器仪表开始		项目四-任务一-思政聚焦-我国科学家十年磨一剑，国产变压器打破垄断	
项目一-任务三-思政聚焦-家庭用电安全宣传		项目四-任务二-思政聚焦-马蹄钉的故事	
项目二-任务一-思政聚焦-中国梦·大国工匠篇		项目四-任务三-思政聚焦-实践是检验真理的唯一标准	
项目二-任务二-思政聚焦-欧姆及其伟大成就		项目五-任务一-思政聚焦-国际民用电的两种标准	
项目二-任务三-思政聚焦-基尔霍夫及其伟大成就		项目五-任务二-思政聚焦-致敬大国工匠	
项目二-任务四-思政聚焦-等效算法、设计人生算法、实现中国梦		项目五-任务三-思政聚焦-严格规程，规范操作	
项目二-任务五-思政聚焦-精益求精、精雕细琢的工匠精神		项目六-任务一-思政聚焦-习总书记与神州十二号通话	
项目三-任务一-思政聚焦-中国标准的特高压技术		项目六-任务二-思政聚焦-新知新觉：在新时代大力弘扬工匠精神	

（续）

名称	图形	名称	图形
项目七-任务一-思政聚焦-民主是社会主义核心价值观		项目八-任务四-思政聚焦-创新求索：大国工匠为生产线转型保驾护航	
项目七-任务二-思政聚焦-科学民主决策		项目八-任务五-思政聚焦-大国工匠之大任担当	
项目八-任务一-思政聚焦-创新：思维改变世界		项目八-任务六-思政聚焦-大国工匠胡双钱的工匠精神	
项目八-任务二-思政聚焦-大国工匠之榜样的力量		项目八-任务七-思政聚焦-大国工匠之匠心报国	
项目八-任务三-思政聚焦-邓稼先的爱国情怀与原子弹的缘分			

Contents
目 录

前言
二维码清单
项目一　家庭照明电路的设计与安装 ·· 1
　　任务一　电力传输系统 ·· 2
　　任务二　家庭照明电路的设计 ··· 9
　　任务三　家庭照明电路的安装 ··· 17
项目二　迷你小台灯的设计与制作 ·· 29
　　任务一　电路的基本物理量 ··· 30
　　任务二　电路的基本元件 ··· 41
　　任务三　基尔霍夫定律的验证 ··· 53
　　任务四　直流电路分析方法 ··· 63
　　任务五　LED 充电台灯的电路分析与安装 ·· 73
项目三　电风扇电路的分析与测试 ·· 81
　　任务一　电风扇电路认知 ··· 82
　　任务二　电风扇电路分析与检测 ··· 93
　　任务三　电风扇电路的功率 ··· 113
项目四　手机充电器的设计与安装 ·· 123
　　任务一　变压器的选择 ··· 124
　　任务二　二极管的检测和相关电路的分析 ··· 133
　　任务三　手机充电器的组装 ··· 141
项目五　三相异步电动机的连接与测试 ·· 149
　　任务一　认识三相异步电动机 ··· 150
　　任务二　三相异步电动机的星形联结与测试 ··· 159
　　任务三　三相异步电动机的三角形联结与测试 ······································· 169
项目六　迷你音响的设计与制作 ·· 177
　　任务一　基本放大电路 ··· 178
　　任务二　迷你音响的设计与制作 ··· 189
项目七　三人表决器的设计与制作 ·· 201
　　任务一　门电路的识别与检测 ··· 202
　　任务二　三人表决器安装测试 ··· 213

项目八　数字秒表的设计与制作 ·· **223**
　　任务一　触发器的认知及逻辑功能测试 ·· 224
　　任务二　时序逻辑电路的分析 ·· 241
　　任务三　计数器的认知及逻辑功能测试 ·· 251
　　任务四　译码器的认知及逻辑功能测试 ·· 265
　　任务五　数/模转换电路的认知 ··· 277
　　任务六　模/数转换电路的认知 ··· 287
　　任务七　数字秒表的设计与制作 ··· 297

01 项目一 家庭照明电路的设计与安装

科技如一盏明灯，点亮智慧人生

照明电路的设计是房屋装修的重要环节，它除了涉及日常房屋的照明，还涉及电能的传输、电能的合理分配、节约用电、安全用电等方方面面的内容。所以，如果你家里装修，你作为设计人员如何设计照明电路？如何消除照明电路带来的安全隐患？现在就请你在本项目中寻找答案，一起体验家庭照明电路的设计与安装。

家庭照明电路是居所最基础的电力系统，该系统由照明设备、传输电线和开关三部分组成。发电厂输出电能，使用高压输电线路输送到变电站，经过变压器降低成适合居民的用电等级。民用电通过电线输入家家户户，将输入的电能合理分配到家里所有的照明用具，既要满足日常的照明，又要节约能源，也不是一项容易的工作。

家庭照明电路的设计与安装，既要简单了解电力系统的组成及电力的传输过程，也要掌握安全用电的操作方法，能够根据客户的需求设计照明电路，并正确安装。

本项目的目标是家庭照明电路的设计与安装。在具体的实施过程中：

1) 认识电力系统组成和传输过程，安全用电及触电急救常识，电功率的具体分配方法；

2) 完成家庭照明电路的设计与安装，根据用户需求设计并画出电路图（见图1-1a），按图安装照明电路并正确接线调试（图1-1b）；

3) 分析照明电路的电压、电流和电功率，掌握一般照明电路的设计思路和计算方法。

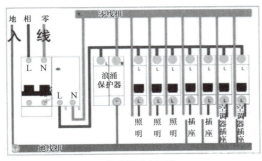

a) 家庭照明电路图

b) 线路检测

图1-1 家庭照明电路的设计与安装

通过本项目的学习，培养安全意识和严谨、规范的工作作风，有耐心和毅力分析解决工作中遇到问题。引导学生在工作和生活中具有安全第一的意识、社会责任感，职业责任感。

任务一 电力传输系统

任务工单

表 1-1 任务工单

任务信息	任务名称	电力传输系统	姓　　名	
	班　　级		学　　号	
客户信息	姓　　名		入住年限	
	户　　型		任务日期	
客户需求	调查入户供电情况： 直流供电□　　单相交流供电□　　三相交流供电□ 频率_____ 其他：			
任务内容	• 扫描二维码，观看关于电力传输的微课 • 阅读资讯内容，完成引导问题 • 绘制从发电厂经电力线路送至家庭入户过程的示意图			
任务目标	知识目标 • 掌握电力系统的组成 • 掌握电力传输过程 技能目标 • 能正确画出电力传输线路示意图 素养目标 • 增强团队合作意识 • 按照标准规范完成工作			
任务重点	理清电力从出厂到入户的传输过程			
任务难点	画出电力传输线路示意图			
思政引导	民族自豪感，坚定四个自信			
任务考核	学生自评 30%+学生互评 30%+教师评价 40%＝总评成绩			

知识储备

- 扫描二维码，观看电力传输系统的微课。
- 思政聚焦——中国电力的飞速发展历程。

项目一　家庭照明电路的设计与安装

电力传输系统

思政聚焦-中国电力的飞速发展历程

【资讯】

一、电力系统组成

由发电厂、电力网（见图1-2）及电能用户所组成的发电、输电、变电、配电和用户的整体称为电力系统。电能用户（又称电力用户或电力负荷）是指一切消耗电能的用电设备。

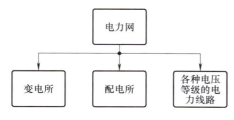

图1-2　电力网的组成

二、电力传输步骤

电力传输过程主要有两个步骤，分别为传输和变电。

1. 传输

电能的传输，它和变电、配电、用电一起，构成电力系统的整体功能。

通过输电，把相距甚远的（可达数千千米）发电厂和负荷中心联系起来，使电能的开发和利用超越地域的限制。和其他能源的传输（如输煤、输油等）相比，输电具有损耗小、效益高、灵活方便、易于调控、环境污染少等优点，输电还可以将不同地点的发电厂连接起来，实行峰谷调节。

输电是电能利用优越性的重要体现，在现代化社会中，它是重要的能源动脉。输电线路按结构形式可分为架空输电线路和地下输电线路。前者由线路杆塔、导线、绝缘子等构成，架设在地面上；后者主要用电缆敷设在地下（或水下）。

输电按所送电流性质可分为直流输电和交流输电。19世纪80年代首先成功地实现了直流输电，后因受电压难以提高的限制（输电容量大体与输电电压的平方成比例），19世纪末

【引导问题】

问题 [1-1]　电力系统的功能是什么？

问题 [1-2]　家庭照明电路是电能用户吗？为什么？

问题 [1-3]　电力传输的目标是什么？

被交流输电所取代。交流输电的成功，迎来了20世纪电气化时代。20世纪60年代以来，由于电力电子技术的发展，直流输电又有新发展，与交流输电相配合，形成交直流混合的电力系统。

输电电压的高低是输电技术发展水平的主要标志。到20世纪90年代，世界各国常用输电电压有220kV及以上的高压输电，330～765kV的超高压输电，1000kV及以上的特高压输电。

2. 变电

电力系统中，发电厂将天然的一次能源转变成电能，向远方的电力用户送电，为了减小输电线路上的电能损耗及线路阻抗压降，需要将电压升高；为了满足电力用户安全的需要，又要将电压降低，并分配给各个用户，这就需要能升高和降低电压，并能分配电能的变电所。

所以变电所是电力系统中通过其变换电压、接受和分配电能的电工装置，它是联系发电厂和电力用户的中间环节，同时通过变电所将各电压等级的电网联系起来，变电所的作用是变换电压，传输和分配电能。

变电所由电力变压器、配电装置、二次系统及必要的附属设备组成。变压器是变电所的中心设备。

3. 学习试电笔的使用

请使用互联网搜索并观看试电笔的使用方法视频，学习使用试电笔。

问题 [1-4]　为什么要变电？
_____
_____
_____

问题 [1-5]　变电主要用到什么设备？
_____
_____
_____

问题 [1-6]　查阅资料，在我国，电能在入户之前的电力传输过程中，电压都经过了哪些数值的转换？
_____
_____
_____
_____

 任务实施

一、任务准备

准备好图纸和笔。

二、防护措施

尽量不佩戴影响操作的手表、首饰和其他配饰，以免影响作图过程。

三、任务分配（见表 1-2）

表 1-2 任务分配表

职 务	代 码	姓 名	工作内容
组长	A		
组员	B		
	C		
	D		

四、任务步骤

1）讨论电力传输过程。

2）我国电力传输的开始端是什么地方呢?

3）我国电力传输的中间都要经过哪些环节呢?

4）发电厂发出的电能经过中间环节，最终要输送到什么地方呢?

5）绘制电力传输线路示意图并标注电能传输过程。

6）用图案表示电力传输的发电厂、变电所、配电所、用户等，画出电力传输线路。

7）用标准的符号标注线路传输过程，并标出电压值。

如：∿表示交流电；⊙⊙表示变压。

8）分小组展示电力传输过程示意图，分工合作，一位同学负责主讲，其他同学负责展示图样和补充说明。

9）整理桌面，保持整洁，并拍照归档自己小组的作品。

五、结果分析（见表 1-3）

表 1-3 结果分析表

项 目	内 容	备 注
电力传输线路示意图		

（续）

项　　目	内　　容	备　　注
防护措施		
整理桌面		
遇到的问题和解决方法		

评价反馈

表 1-4 考核评分表

任务名称	电力传输系统		姓名		学号			任务得分		
考核项目	考核内容	配分	评分标准				自评 30%	互评 30%	师评 40%	得分
知识技能 50分	能仔细阅读资讯材料，画出重点内容	15	优 15	良 12	合格 9	不合格 0				
	能借助信息化资源进行信息收集，自主学习	15	优 15	良 12	合格 9	不合格 0				
	能正确完成引导问题，写出完整答案	10	优 10	良 8	合格 6	不合格 0				
	能与老师进行交流，提出关键问题，有效互动	10	优 10	良 8	合格 6	不合格 0				
实操技能 30分	能正确绘制出电力传输线路示意图，有一定的创新能力	10	优 10	良 8	合格 6	不合格 0				
	能够在绘制图纸过程中发现问题并解决问题	15	优 15	良 12	合格 9	不合格 0				
	按照标准标注线路传输符号	5	优 5	良 4	合格 3	不合格 0				
态度情感 20分	互助合作，具备团队意识	10	优 10	良 8	合格 6	不合格 0				
	能与同学良好沟通，有效互动，协同性好	10	优 10	良 8	合格 6	不合格 0				

任务总结

请简单总结任务的完成过程及一些心得体会。

任务二　家庭照明电路的设计

任务工单

表1-5　任务工单

任务信息	任务名称	家庭照明电路的设计	姓　名	
	班　级		学　号	
客户信息	姓　名		入住年限	
	户　型		任务日期	
客户需求	调查入户供电情况： 直流供电□　　单相交流供电□　　三相交流供电□ 照明需求：设计照明电路的房间为_____室 　　　　　每室需要的照明数量大约是_____个 其他： _____			
任务内容	● 根据客户需求，预估房间照明电源分布情况 ● 绘制家庭照明电路图			
任务目标	知识目标 ● 电路的组成 ● 串并联电路中的欧姆定律 ● 电功率的含义 技能目标 ● 能利用功率输出的关系设计家庭照明电路 ● 能准确绘制家庭照明电路图 素养目标 ● 恪守职业道德，爱护仪器仪表 ● 具备服务客户的意识			
任务重点	根据客户实际需求和现有条件设计并绘制家庭照明电路图			
任务难点	根据任务要求准确选择串并联电路			
思政引导	职业道德，责任感，点滴小事			
任务考核	学生自评30%+学生互评30%+教师评价40%=总评成绩			

知识储备

- 扫描二维码，观看家庭照明电路的设计微课。
- 思政聚焦——恪守职业道德，从爱护仪器仪表开始。

家庭照明电路的设计

思政聚焦-恪守职业道德，
从爱护仪器仪表开始

【资讯】

一、一般电路的组成

手电筒电路是实际生活中相对简单的电路，如图1-3和图1-4所示。

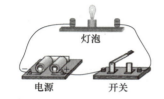

图1-3　一般电路实物连接图

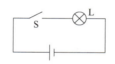

图1-4　一般电路图

二、电路的串联和并联

1. 一般的串联电路（见图1-5）

在串联电路中，U、I 和 R 之间的关系用欧姆定律计算为

$$I_{总} = \frac{U_{总}}{R_{总}}$$

其中，
$$U_{总} = U_1 + U_2 + U_3$$
$$R_{总} = R_1 + R_2 + R_3$$
$$I_{总} = I_1 = I_2 = I_3$$

2. 一般的并联电路（见图1-6）

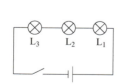

图1-5　串联电路图

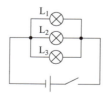

图1-6　并联电路图

【引导问题】

[问题1-7]　一般电路都有哪几部分组成，它们的物理符号是什么？

[问题1-8]　串联电路中不同电压之间的关系是怎样的？

[问题1-9]　串联电路中不同电流之间的关系是怎样的？

在并联电路中，U、I 和 R 之间的关系用欧姆定律计算为

$$I_总 = \frac{U_总}{R_总}$$

其中，
$$U_总 = U_1 = U_2 = U_3$$
$$\frac{1}{R_总} = \frac{1}{R_1} + \frac{1}{R_2} + \frac{1}{R_3}$$
$$I_总 = I_1 + I_2 + I_3$$

3. 一般的家庭照明电路（见图 1-7）

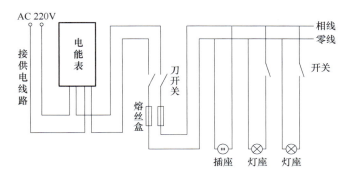

图 1-7　一般的家庭照明电路

三、电功率的概念和实际计算

电流在单位时间内做的功叫做电功率，是用来表示消耗电能的快慢的物理量，用 P 表示，它的单位是瓦特（Watt），简称"瓦"，符号是 W。作为表示电流做功快慢的物理量，一个用电器电功率的大小数值上等于它在 1s 内所消耗的电能。

家庭照明电路的安装要考虑电能表和低压线路的承受能力。电能表所能承受的电功率近似于电压乘以电流的值，民用电的电压是 220V，如家中安装 2.5A 的电能表，所能承受的功率便是 550W，像 600W 的电饭煲则不能使用。

四、学习万用表的使用

请使用互联网搜索万用表的使用方法视频，学习使用万用表。

[问题 1-10]　并联电路中不同电压之间的关系是怎样的？

[问题 1-11]　并联电路中不同电流之间的关系是怎样的？

[问题 1-12]　如图 1-7 所示，家庭照明电路是并联电路还是串联电路，为什么？

[问题 1-13]　为什么家庭照明电路要采用图 1-7 所示连接方法？

[问题 1-14]　在我国，家庭用 5A 的电能表所能承受的电功率是多少瓦？

任务实施

一、任务准备

从表 1-6 中选出家庭照明电路需要的设备和工具,查阅资料并在图标下面注明具体型号和数量。

表 1-6　设备工具清单

电线	白炽灯	试电笔	万用表	开关
断路器	电能表	继电器	变压器	电动机

二、防护措施

工作人员尽量不佩戴影响操作的手表、首饰和其他配饰。

三、任务分配（见表 1-7）

表 1-7　任务分配表

职　务	代　码	姓　名	工作内容
组长	A		
组员	B		
	C		
	D		

四、任务步骤

1）根据客户需求，讨论设计照明器具的连接方式并填入表 1-8 中。

表 1-8　设计方法

考虑照明器具的额定电压	根据客户需求，照明器具的额定电压是：_____	
考虑电能表和低压线路的承受能力	家庭一般使用电能表的承受能力是：_____	一般低压电线（直径：____）的承受能力是：_____
考虑电功率	串联照明器具总的电功率是：	并联照明器具总的电功率是：

2）根据照明器具选择的连接方式和实际电源的输入，计算实际的电功率。

电功率的计算公式为 $P=UI$，根据实际的参数可以变形公式，串联电路和并联电路的电压、电流和电阻计算方法查阅知识储备。

3）做好个人、设备和场地的安全防护。

因为本次任务只是设计和绘制电路图，所以做好个人防护即可。

五、结果分析（见表 1-9）

表 1-9　结果分析表

选择照明电路连接方式	选或不选（√或×）	简述理由
串联		
并联		
串并混联		注明哪些照明元器件串联，哪些并联
房间类型	照明数量	电功率计算

评价反馈

表 1-10　考核评分表

任务名称	家庭照明电路的设计		姓名		学号		任务得分		
考核项目	考核内容	配分	评分标准				自评 30%	互评 30%	师评 40%	得分
知识技能 50 分	能仔细阅读资讯材料，画出重点内容	15	优 15	良 12	合格 9	不合格 0				
	能借助信息化资源进行信息收集，自主学习	15	优 15	良 12	合格 9	不合格 0				
	能正确完成引导问题，写出完整答案	10	优 10	良 8	合格 6	不合格 0				
	能简单描述电路的组成和欧姆定律的主要内容	10	优 10	良 8	合格 6	不合格 0				
实操技能 30 分	能正确选择照明器具连接方式	10	优 10	良 8	合格 6	不合格 0				
	能够绘制家庭照明电路图	15	优 15	良 12	合格 9	不合格 0				
	能够正确解读任务内容	5	优 5	良 4	合格 3	不合格 0				
态度情感 20 分	爱护仪器仪表	10	优 10	良 8	合格 6	不合格 0				
	具备服务客户的意识	10	优 10	良 8	合格 6	不合格 0				

任务总结

请简单总结任务的完成过程及一些心得体会。

项目一　家庭照明电路的设计与安装

任务三　家庭照明电路的安装

 任务工单

表 1-11　任务工单

任务信息	任务名称	家庭照明电路的安装	姓　　名	
	班　　级		学　　号	
客户信息	姓　　名		入住年限	
	户　　型		任务日期	
客户需求	节能□　　　　非节能□ 其他： _____			
任务内容	• 根据客户需求确定元器件 • 根据客户的需求选择合适的导线 • 核算实际用电量，与客户沟通，制定最优节能照明灯具和电缆需求计划 • 安装家庭照明电路			
任务目标	知识目标 • 安全用电常识 技能目标 • 能看懂电路图 • 能正确使用万用表、试电笔等常用仪器仪表 • 能够根据客户实际的需求选择合适的导线 • 能够安全用电，并进行简单的触电急救 素养目标 • 增强安全意识 • 增强节能意识			
任务重点	根据客户实际需求和现有条件安装家庭照明电路			
任务难点	使用万用表和试电笔等仪器仪表测量并分析电路			
思政引导	安全意识			
任务考核	学生自评 30%+学生互评 30%+教师评价 40%=总评成绩			

【资讯】

一、家用电器安装常识

家用电器的安装是日常家庭装修的一项重要工作，在实际安装时需要考虑哪些方面的问题呢？

1. 要考虑电能表和低压线路的承受能力

$$P_{电能表所能承受的电功率} \approx U_{电压} \times I_{电流的值}$$

2. 要考虑一个插座允许插接几个电器

用三对以上插孔的插座，而且同时使用空调、电饭煲、电热水器等大功率电器时，应先算一算这些电器功率的总和。

3. 安装刀开关必须使用相应标准的熔丝

不得用其他金属丝替代熔丝，否则容易造成火灾，毁坏电器。如因家用电器着火引起火灾，必须先切断电源，再进行救火，以免触电伤人。

二、安全用电常识

- 扫描二维码，观看家庭照明电路的安装与安全用电的微课。
- 思政聚焦——家庭用电安全宣传。

家庭照明电路的安装与安全用电

思政聚焦-家庭用电安全宣传

1. 家庭用电电路安装标准

（1）照明开关

按图1-8所示安装。

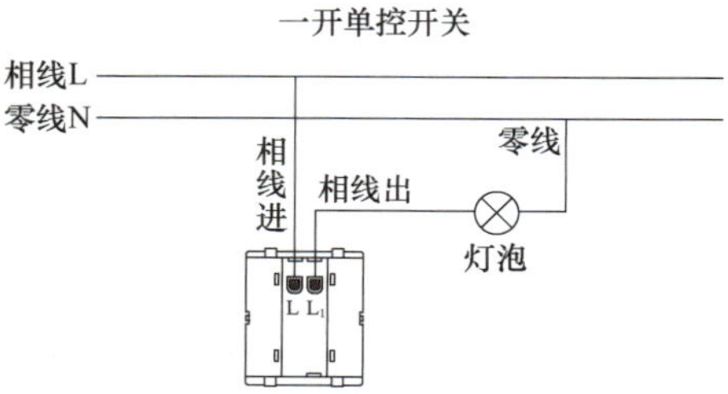

图1-8 一开单控开关安装方法

注：图中的"L"与其他产品中"COM"对应，为同一接口。

【引导问题】

问题［1-15］ 为什么要考虑插座允许承载的电器数量？

问题［1-16］ 如家中因用电器发生火灾，首先要做什么？

问题［1-17］ 照明开关在实际电路中如何连接？

（2）单相三孔插座

按图 1-9 所示安装。

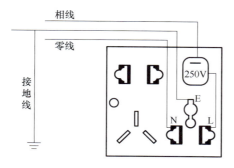

图 1-9　单相三孔插座安装方法

试着把图 1-10 补充完整。

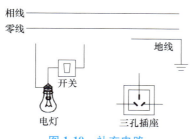

图 1-10　补充电路

（3）漏电保护器

漏电保护器又称漏电保护开关，如图 1-11 所示，是一种新型的电气安全装置，其主要用途是：

1）防止由于电气设备和电气线路漏电引起的触电事故。

2）防止用电过程中的单相触电事故。

3）及时解除电气设备运行中的单相接地故障，防止因漏电引起的电气火灾事故。

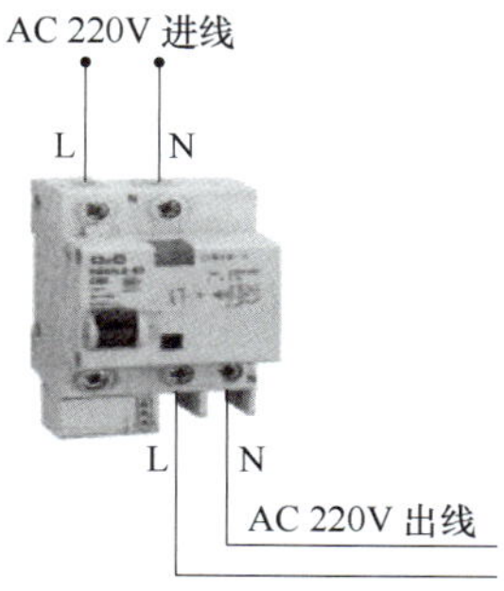

图 1-11　漏电保护器安装方法

（4）居民家庭用的熔丝选配

居民家庭用的熔丝应根据用电容量的大小来选用。如使用容量为 5A 的电表时，熔丝应大于 6A 小于 10A；如使用容量为 10A 的电表时，熔丝应大于 12A 小于 20A。选用的熔丝应是电表容量的 1.2~2 倍。选用的熔丝应是符合规定的一根，而不能以小容量的熔丝多根并用，更不能用铜丝代替熔丝使用。

问题 [1-18]　单相三孔插座如何安装？

问题 [1-19]　漏电保护器的具体作用是什么？

问题 [1-20]　为什么要配熔丝？针对居民家庭使用熔丝如何选配？

2. 触电常识

（1）发生触电事故的主要原因

统计资料表明，发生触电事故的主要原因有以下几种：

1）缺乏电气安全知识；
2）违反操作规程；
3）设备不合格，安全距离不够；
4）设备失修；
5）其他偶然原因。

（2）触电的种类

人体组织中有60%以上是由含有导电物质的水分组成的。人体是导体，当人体接触设备的带电部分并形成电流通路时，就会有电流流过人体造成触电，如图1-12所示。

问题［1-21］ 举例说说你身边的触电事故。

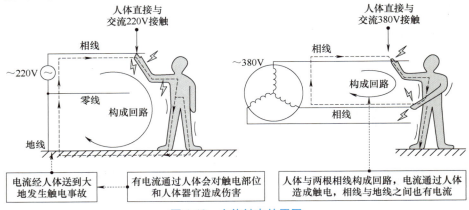

图1-12 人体触电的原因

在电工操作过程中容易发生的触电危险有3类：一是单相触电，二是两相触电，三是跨步触电。

1）单相触电。

单相触电是指在地面上或其他接地体上，人体的某一部分触及带电设备或线路中的某相带电体时，一相电流通过人体经大地回到中性点引起的触电。

① 作业疏忽或违规操作易引发单相触电事故。

电工人员连接线路时，因为操作不慎，手碰到线头引起单相触电事故；或是因为未在线路开关处悬挂警示标志和留守监护人员，致使不知情人员闭合开关，导致正在操作的人员发生单相触电，如图1-13所示。

② 设备安全措施不完善易引发单相触电事故。

电工人员进行作业时，若工具绝缘失效、绝缘防护措施不到位、未正确佩戴绝缘防护工具等，极易与带电设备或线路碰触，进而造成触电事故，如图1-14所示。

问题［1-22］ 分析图1-12，指出人体为什么会触电。

问题［1-23］ 分析图1-13，指出人体为什么会触电。

项目一　家庭照明电路的设计与安装

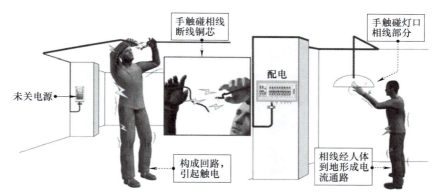

图 1-13　人体触电的原因

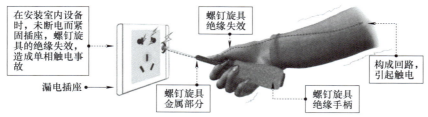

图 1-14　设备安全措施不完善引发触电事故

③ 安全防护不到位易引发触电事故。

电工操作人员在进行线路调试或维修过程中，未佩戴绝缘手套、绝缘鞋等防护措施，碰触到裸露的电线（正常工作中的配电线路，有电流流过），造成单相触电事故，如图 1-15 所示。

问题［1-24］　分析图 1-14，指出人体为什么会触电。

_____

_____

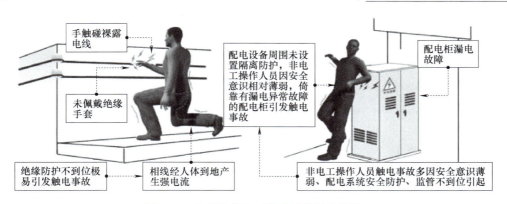

图 1-15　安全防护不到位易引发触电事故

④ 安全意识薄弱易引发触电事故。

电工作业的危险性要求所有电工人员必须具备强烈的安全意识，安全意识薄弱易引发触电事故，如图 1-16 所示。

问题［1-25］　分析图 1-15，指出人体为什么会触电。

_____

_____

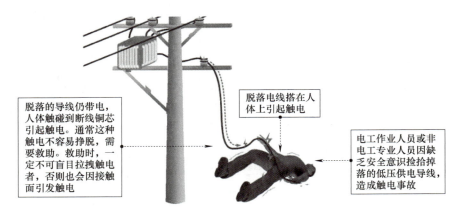

图 1-16　安全意识薄弱易引发触电事故

2）两相触电。

两相触电是指人体两处同时触及两相带电体（三根相线中的两根）所引起的触电事故。这时人体承受的是交流 380V 电压，危险程度远大于单相触电，轻则导致烧伤或致残，严重会引起死亡。图 1-17 所示为两相触电示意图。

问题［1-26］　分析图 1-16，指出人体为什么会触电。

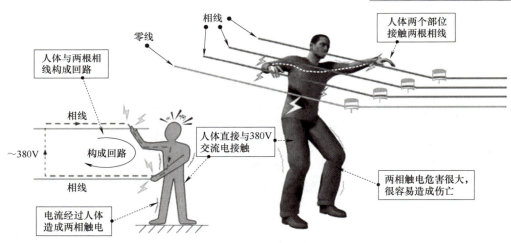

图 1-17　两相触电示意图

3）跨步触电。

高压输电线掉落到地面上时，由于电压很高，因此电线断头会使一定范围（半径为 8～10m）的地面带电。以电线断头处为中心，离电线断头越远，电位越低。如果此时有人走入这个区域，则会造成跨步电压触电，步幅越大，造成的危害也就越大。图 1-18 所示为跨步触电示意图。

问题［1-27］　分析图 1-17，指出人体为什么会触电。

项目一　家庭照明电路的设计与安装

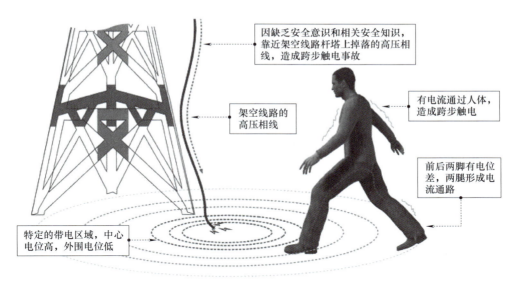

图 1-18　跨步触电示意图

（3）发生触电时应采取的救护措施

1）迅速脱离电源。

现场救治应争分夺秒，首要任务是切断电源。

常用方法有：关闭电源，挑开电线、斩断电路，"拉开"触电者。

① 关闭电源。若触电发生在家中或开关附近，迅速关闭电源开关、拉开电源总闸刀是最简单、安全而有效的方法。

② 挑开电线。用干燥木棒、竹杆等将电线从触电者身上挑开，并将此电线固定好，避免他人触电。

③ 斩断电路。若在野外或远离电源开关的地方，尤其是雨天，不便接近触电者以挑开电源线时，可在现场 20m 以外用绝缘钳子或干燥木柄的铁锹、斧头、刀等将电线斩断。

④ "拉开"触电者。若触电者不幸全身趴在铁壳机器上，抢救者可在自己脚下垫一块干燥木板或塑料板，用干燥绝缘的布条、绳子或用衣服绕成绳条状套在触电者身上将其拉离电源。

在使触电者脱离电源的整个过程中必须防止自身触电，注意以下几点：

① 必须严格保持自己与触电者的绝缘，不直接接触触电者，选用的器材必须有绝缘性能。若对所用器材绝缘性能无把握，则在操作时，脚下垫干燥木块、厚塑料块等绝缘物品，使自己与大地绝缘。

② 在下雨天气野外抢救触电者时，一切原先有绝缘性能的器材都因淋湿而失去绝缘性能，因此更需注意。

问题［1-28］　分析图 1-18，指出人体为什么会触电。

_____
_____
_____
_____
_____

23

③ 野外高压电线触电，注意跨步电压的可能性并予以防止，最好是选择 20m 以外切断电源；确实需要进出危险地带，需保证单脚着地的跨跳步进出，绝对不许双脚同时着地。

2）有缺氧指征者给予吸氧。

3）心肺复苏。

① 对呼吸微弱或不规则、甚至停止，而心搏尚存在者，应立即口对口人工呼吸，或仰卧压胸、俯卧压背式人工呼吸，有条件者可进行气管插管气囊或呼吸机辅助呼吸。

② 对心搏停止，而呼吸尚存在者，应立即行胸外按压，对心室颤动者，有条件时应进行非同步直流电除颤。

③ 心跳、呼吸骤停者即刻予以心肺复苏（CPR）。

⚠ **注意**：实验研究和统计表明，如果从触电后 1min 开始救治，则 90% 可以救活；如果从触电后 6min 开始抢救，则仅有 10% 的救活机会；而从触电后 12min 开始抢救，则救活的可能性极小。因此当发现有人触电时，应争分夺秒，采用一切可能的办法。

任务实施

一、任务准备

从表 1-12 中选出任务过程中所需要的设备、部件、工具和导线,并写出具体的型号和数量。

表 1-12 设备工具清单

电线	白炽灯	试电笔	万用表	开关
断路器	电能表	继电器	变压器	电动机

二、防护措施(见表 1-13)

表 1-13 防护措施

防护项目	具体内容	备 注
个人安全防护	1. 现场安装人员着工装,戴安全帽,穿绝缘鞋 2. 现场安装人员尽量不佩戴影响操作的手表、首饰和其他配饰 3. 现场安装人员在搬动重物时注意姿势,防止扭伤 4. 现场安装人员规范使用各种仪器仪表,一切按照既定流程操作	
设备安全防护	1. 各仪器仪表是否在合格使用期内,并检测仪器仪表是否正常工作 2. 电线电缆、灯具及相关安装设施是否完好	
场地安全防护	1. 场地安全标识到位 2. 现场灭火设施完善 3. 现场不相关设备,特别是影响作业的设备应清场 4. 施工之前电源要保证断开	

三、任务分配（见表 1-14）

表 1-14　任务分配表

职　务	代　码	姓　名	工作内容
组长	A		
组员	B		
组员	C		
组员	D		

四、任务步骤

1. 根据设计的电路图和客户需求，选择正确型号和数量的部件

根据客户的需求选择部件，如果客户选择节能型照明器具，要注意选择的部件是否符合客户需求，填入表 1-15 中。

表 1-15　部件选型参数表

部　件	数　量	型　号
灯具		
开关		
电线		

2. 根据照明部件选择的连接方式和实际电源的输入，计算实际输出功率，填入表 1-16 中

表 1-16　数据统计表

部　件	数　量	消耗功率
灯具		
开关		
电线		

五、结果分析（见表 1-17）

表 1-17　结果分析表

项　目	内　容		备　注
照明电路连接	电源连接		
	照明器具连接		
	开关连接		
照明电路参数测量和调试	输出总电源电压_____ 照明灯具两端电压_____ 开关两端电压_____		总功率计算：

评价反馈

表 1-18　考核评分表

任务名称	家庭照明电路的安装	姓名		学号		任务得分		
考核项目	考核内容	配分	评分标准			自评 30%	互评 30%	师评 40%	得分

考核项目	考核内容	配分	评分标准				自评 30%	互评 30%	师评 40%	得分
知识技能 30 分	能仔细阅读资讯材料,画出重点内容	10	优 10	良 8	合格 6	不合格 0				
	能借助信息化资源进行信息收集,自主学习	10	优 10	良 8	合格 6	不合格 0				
	能正确完成引导问题,写出完整答案	10	优 10	良 8	合格 6	不合格 0				
实操技能 50 分	能根据安全用电和功率计算方法正确选择照明器具	15	优 15	良 12	合格 9	不合格 0				
	能够根据电路图正确连接实际照明电路	15	优 15	良 12	合格 10	不合格 0				
	照明电路满足客户安装需求,安全节能	20	优 20	良 16	合格 12	不合格 0				
态度情感 20 分	具有安全意识	10	优 10	良 8	合格 6	不合格 0				
	具有节能意识	10	优 10	良 8	合格 6	不合格 0				

任务总结

请简单总结任务的完成过程及一些心得体会。

02 项目二　迷你小台灯的设计与制作

倡导绿色品质，写意精彩生活

　　LED 充电台灯在日常生活中应用很广，在停电无法进行相关学习和工作时可以应急使用，也可以直接在户外没有电源的地方使用，LED 充电台灯外观精美、体积小、亮度高、携带方便。图 2-1a 所示为 LED 充电台灯的实物图，它可充电重复使用，充电次数可超过 10000 次。在充满电时，工作时间达 4~6h，寿命超过 50000h，本项目我们一起来学习 LED 充电台灯的电路分析与安装。

　　图 2-1b 所示为 LED 充电台灯的电路原理图，其电路原理的基本分析和计算源于基尔霍夫定律和欧姆定律，本项目在这两个定律基础上，以一些典型直流电路为例，着重讨论直流电路分析方法。这些方法主要分为两类：一类是直接利用基尔霍夫和欧姆定律列出电路的电流电压方程式，解联立方程式求出结果，如支路电流法；另一类是利用等效变换将原先比较复杂的电路化为简单形式的电路，再运用电路基本定律求解，如电源等效变换法、叠加定理，这些方法是以直流电路为例，稍作推广拓展可应用到交流电路中。

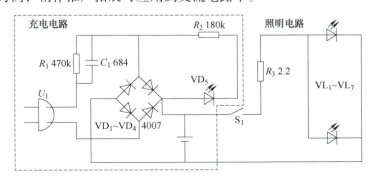

a) 实物图　　　　　　　　　　　　　　b) 电路原理图

图 2-1　LED 充电台灯的电路

本项目的目标是 LED 充电台灯的电路分析与安装。在具体的实施过程中：
1) 能用万用表对直流电路进行电压、电流、电阻等物理量测量；
2) 掌握基尔霍夫定律并能应用其进行电路的分析和计算；
3) 掌握电路的分析方法；
4) 熟练掌握叠加定理；
5) 能分析直流电路，寻找故障原因；
6) 培养安全意识和严谨、规范的工作作风，有耐心和毅力解决工作过程中遇到的问题。

　　学完本项目内容，学生可根据直流电路的分析方法解决实际问题。引导学生做诚实守信的时代青年，弘扬中华民族传统美德，践行社会主义核心价值观。

任务一　电路的基本物理量

任务工单

表 2-1　任务工单

任务信息	任务名称	电路的基本物理量	姓　名	
	班　级		学　号	
客户信息	姓　名		使用年限	
	产品型号		任务日期	
客户需求	万用表□　　电阻元件□　　开关元器件□　　恒压源□ 其他：			
任务内容	• 电路中电压、电流、电位、功率等常用物理量的概念 • 电路中电压、电流、电位、功率等常用物理量的计算与测量			
任务目标	知识目标 • 掌握电流、电压、电位以及功率等电路的基本物理量，并会简单计算 • 掌握电流和电压的参考方向及其意义 技能目标 • 能使用数字万用表测量电路中的电流、电压以及电位 素养目标 • 培养良好的安全作业意识，规范操作意识 • 自主学习，主动完成任务内容，提炼学习重点 • 通过引入对电流、电压、功率等基本概念的数学描述，启发学生用数学思维模式描述工程问题，培养学生的科学素养			
任务重点	电路中各物理量的含义			
任务难点	简单计算电路中的物理量			
思政引导	精益求精，工匠精神			
任务考核	学生自评 30%+学生互评 30%+教师评价 40%＝总评成绩			

知识储备

- 扫描二维码，观看电路的基本物理量微课。
- 思政聚焦——中国梦·大国工匠篇。

电路的基本物理量

思政聚焦-中国梦·大国工匠篇

【资讯】

一、电流

1. 定义

带电粒子（电荷）在电场力的作用下定向移动形成电流，电流的大小用电流强度表示。

2. 电流强度

单位时间内通过某一导体横截面的电量，称为电流强度。简称电流。用符号 i 表示。设在时间 dt 内通过导体截面的电量为 dQ，则电流表示为

$$i = \frac{dQ}{dt}$$

大小和方向都不随时间变化的电流称为恒定电流，用大写字母 I 表示，对于直流电，若在时间 t 内通过导体横截面的电量为 Q，则电流为

$$I = \frac{Q}{t}$$

3. 单位

在国际单位制（SI）中，电流的单位是安（培）（A），常用单位还有 kA（千安）、mA（毫安）、μA（微安）等。

$$1kA = 1000A$$
$$1A = 1000mA$$
$$1mA = 1000\mu A$$

4. 电流的参考方向

在进行复杂电路的分析时，若电流的实际方向很难确定或在电流的实际方向是变化的情况下，则需要假定一个电流正方向，称为参考正方向，简称为参考方向。电流的参考方向可用箭头表示，也可用字母顺序表示，当电路中电流的参考方向与实际方向一致时，电流为正，即 $i>0$，如图 2-2a 所示；当电流的参考方向与实际方向相反时电流为负，即 $i<0$，如图 2-2b 所示。在进行电路分析时，如果没有事先选定电流的参考方向，电流的正负就是无意义的。

【引导问题】

问题 [2-1] 习惯上把什么电荷运动方向规定为电流方向？

图 2-2 电流的参考方向

例如通过图 2-2a 中元件的电流为 5mA，电流实际由左流向右，反之则电流 i 为 -5mA。

二、电压

1. 定义

带电粒子在电场力作用下沿电场方向运动，电场力对带电粒子做功。为衡量电场力对带电粒子所做的功，引入电压的概念。电场力把单位正电荷从电场中的 a 点移到 b 点所做的功，称为 a、b 间的电压。

$$U_{ab} = W_{ab}/q$$

2. 单位

在国际单位制中，电荷的单位是 C（库仑），功的单位为 J（焦耳），电压的单位为 V（伏特）。常用单位还有 kV（千伏）、mV（毫伏）等。

$$1MV = 1000kV$$
$$1kV = 1000V$$
$$1V = 1000mV$$

3. 参考方向

电压参考方向和电流一样，电路图中所标的电压方向也都是参考方向，只有在已经标定参考方向之后，电压数值才有正、负之分。一般地，在元件或电路两端用符号"+""-"分别标定正、负极性，由正极指向负极的方向为电压的参考方向，并以箭头标示。如果电压 U 为正值，则实际方向与参考方向一致；如果电压 U 为负值，则实际方向与参考方向相反。

4. 关联与非关联参考方向

一个元件的电压或电流的参考方向可以独立地任意假定。如果指定流过元件的电流参考方向是从标以电压正极性的一端指向负极性的一端，即两者的参考方向一致，则把电流和电压的这种参考方向称为关联参考方向；当两者不一致时，称为非关联参考方向。在分析计算复杂电路时，参考方向的规定常有一些习惯的方法。

问题 [2-2] 电路图中标注的电流方向都是指什么方向呢？

问题 [2-3] 日常生活中家用电器的额定电压为多少？

问题 [2-4] 习惯上规定电压实际方向是指什么？

三、电位

电场力将单位正电荷从某点 a 移到参考点 o（又称为零电位点或接地点）所做的功。

$$V_a = W_{ao}/q$$

在国际单位制（SI）中，电位的单位和电压相同，也是伏特（V）。

电路中两点间的电压也可用两点间的电位之差来表示，即

$$U_{ab} = V_a - V_b$$

问题[2-5] 电位的参考点如何选择？当电路的参考点改变了，电路中各点电位是否变化？两点的电压是否变化？

四、电功率和电能

1. 电功率

电场力在单位时间内所做的功称电功率。电功率表征了电流做功的速率（快慢）。电功率以字母 P 来表示，

$$P = W/t$$

元件电流和电压的参考方向为关联情况，如图 2-3a 所示，将 $W = Uq$，且 $q = It$ 代入得到电路吸收的电功率为

$$P = UI$$

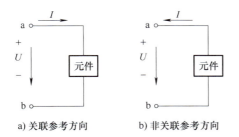

a) 关联参考方向　　b) 非关联参考方向

图 2-3　电流、电压参考方向

元件电流和电压的参考方向为非相关联情况，如图 2-3b 所示，电功率为

$$P = -UI$$

若 $P>0$，元件在电路中实际吸收功率，元件为负载；
若 $P<0$，元件在电路中实际发出功率，元件为电源。

在国际单位制（SI）中，功率 P 的单位为瓦特，用字母 W 表示。除瓦特外常用的功率单位还有千瓦（kW）、兆瓦（MW）等。其换算公式为

$$1 \text{ 兆瓦（MW）} = 10^3 \text{ 千瓦（kW）} = 10^6 \text{ 瓦（W）}$$

2. 电功

电流能使电动机转动、电炉发热、电灯发光，说明电流具有做功的本领。电流做的功称为电功。

问题[2-6] 某空调的额定功率为 1kW，则额定电压运行下的该空调每月（每月按 30 天，每天按 4h 计算）耗电量是多少度呢？

问题[2-7] 列举日常生活中各种家用电器的额定功率分别为多大？

$$W = Pt = UIt$$

在国际单位制（SI），电功的单位是焦耳，简称焦，符号为 J。电功的单位也可表示为千瓦时（kW·h），俗称"度"。它表示功率为 1kW 的用电器在 1h 中消耗的电能，即

$$1kW \cdot h = 1kW \times 1h = 3.6 \times 10^6 J$$

【例 2-1】 某电视机的功率为 60W，平均每天开机 2h，若每度电费为人民币 0.5 元/度，则一年（以 365 天计）要缴纳多少电费？

解：电视机一年内消耗的电能为

$$W = Pt = 60 \times 10^{-3} kW \times 2h \times 365 = 43.8 kW \cdot h$$

则一年电费为 43.8 度×0.5 元/度＝21.9 元

3. 电气设备的额定值

额定值：电气设备在给定的工作条件下正常运行的容许值。

额定电流 I_N：电气设备在电路的正常运行状态下允许通过的电流。

额定电压 U_N：电气设备在电路的正常运行状态下能承受的电压。

额定功率 P_N：电气设备在电路的正常运行状态下吸收和产生功率的限额。

三者之间的关系：

$$P_N = U_N I_N$$

项目二　迷你小台灯的设计与制作

任务实施

一、任务准备

从表 2-2 中选出任务过程中所需要设备，并查阅资料在图标下面注明参数。

表 2-2　设备工具清单

熔断器	电源	试电笔	万用表
断路器	变阻器	电阻	变压器

二、防护措施（见表 2-3）

表 2-3　防护措施

防护项目	具体内容	备　注
个人安全防护	1. 工作人员尽量不佩戴影响操作的手表、首饰和其他配饰 2. 工作人员规范使用各种仪器仪表，一切按照既定流程操作	
设备安全防护	1. 各仪器仪表是否在合格使用期内，并检测仪器仪表是否正常工作 2. 手机充电插座设备是否完好	检查仪器仪表名称：
场地安全防护	1. 场地安全标识到位 2. 现场灭火设施完善 3. 现场不相关设备，特别是影响作业的设备应清场	

三、任务分配（见表2-4）

表2-4 任务分配表

职　　务	代　　码	姓　　名	工作内容
组长	A		
组员	B		
	C		
	D		

四、任务步骤

1. 数字万用表的使用方法

测量时，将电源开关拨至"ON"，黑表笔插入"COM"插孔，红表笔则应根据被测量的种类和量程的不同，分别插入"V·Ω""mA"或"20A"插孔。

（1）直流电压与交流电压的测量

转换开关置于直流或交流电压档的适当档位。将红表笔插入"V·Ω"插孔，电源开关拨至"ON"，两表笔并联在被测电路两端，显示屏上就会显示出直流或交流电压的数值。若输入超量限，则显示屏左端显示"1"或"−1"的提示符。小数点由量限同时控制左移或右移。

（2）直流电流与交流电流的测量

量程开关置于直流电流或交流电流档的适当档位，将红表笔插入"mA"（电流值小于200mA）或"20A"插孔（电流值大于200mA）。将万用表串联在被测电路中，显示屏上即可显示出直流或交流电流的数值。

（3）电阻的测量

量程开关置于欧姆档的适当档位，将红表笔插入"V·Ω"插孔。若量程开关置于200M、20M或2M档，则显示值以"MΩ"为单位，其余档均以"Ω"为单位。

2. 操作步骤

（1）测量图2-4所示电路中的电流

接电路的一般原则：从电源的正极开始接，根据元件的摆放位置，应遵循上进下出，左进右出的原则。

将万用表转换开关置于直流电流100mA档，红表笔接电路A点，黑表笔接电路B点，万用表串入电路，稳压电源 U_S 输出取10V，R 取100Ω，可变电阻器 R_P（200Ω，1A）调至最大值 R_P，闭合开关S，可变电阻器 R_P 分别取 $R_P/4$、$R_P/2$、$3R_P/4$ 和 R_P，测量相应的直流电流值，记入表2-5中。改变量程时，应断开开关S。

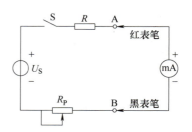

图2-4 测量电路的电流

（2）测量稳压电源输出电压 U_S

如图2-5所示将稳压电源输出电压 U_S 分别调至2V、4V、6V和8V，将万用表转换开关置于直流电压10V档，红表笔接稳压电源正极，黑表笔接稳压电源负极，测量上述各电压

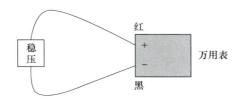

图 2-5　测稳压电源输出电压

值，记入表 2-5 中。将稳压电源输出电压 U_s 分别调至 10V、20V、30V 和 40V，将万用表转换开关置于直流电压 50V 档，测量上述各电压值填入表 2-5 中。

（3）测量实验设备上 220V 和 380V 的交流电源电压

将万用表转换开关分别置于交流电压档 250V 和 500V 档，测量实验桌上 220V 和 380V 的交流电源电压，记入表 2-5 中。

（4）万用表用完后，调至（　　　　　）档位

（5）实验完毕后，归还设备，清理台面，检查安全条例，培养职业素养

五、结果分析（见表 2-5）

表 2-5　结果分析表

项　目	测量结果							
直流电压	直流电源电压/V	2	4	6	8	10	20	30	40
	测量电压值/V								
直流电流	可变电阻器	$R_P/4$		$R_P/2$		$3R_P/4$		R_P	
	测量电流值/mA								
交流电压	交流电源电压/V	220				380			
	测量电压值/V								
用万用表进行电路参数测量时的注意事项									
当电压不变，电阻变化时电流变化规律									

评价反馈

表 2-6 考核评分表

任务名称	电路的基本物理量		姓名		学号		任务得分		
考核项目	考核内容	配分	评分标准				自评 30%	互评 30%	师评 40%	得分
知识技能 40分	能仔细阅读资讯材料，画出重点内容	10	优 10	良 8	合格 6	不合格 0				
	能借助信息化资源进行信息收集，自主学习	10	优 10	良 8	合格 6	不合格 0				
	能正确完成引导问题，写出完整答案	15	优 15	良 12	合格 9	不合格 0				
	能与老师进行交流，提出关键问题，有效互动	5	优 5	良 4	合格 3	不合格 0				
实操技能 40分	用万用表测量电路中的电流	10	优 10	良 8	合格 6	不合格 0				
	用万用表测量稳压电源	5	优 5	良 4	合格 3	不合格 0				
	用万用表测交流电压	20	优 20	良 16	合格 12	不合格 0				
	文明操作，工作台面清洁，工具摆放整齐，工作过程规范	5	优 5	良 4	合格 3	不合格 0				
态度情感 20分	态度端正，做事细心认真	10	优 10	良 8	合格 6	不合格 0				
	安全操作，无损伤损坏元器件及设备，认真负责，精心操作的工作习惯	5	优 5	良 4	合格 3	不合格 0				
	有集体荣誉感和团队意识	5	优 5	良 4	合格 3	不合格 0				

任务总结

请简单总结任务的完成过程及一些心得体会。

任务二　电路的基本元件

任务工单

表 2-7　任务工单

任务信息	任务名称	电路的基本元件	姓　名	
	班　级		学　号	
客户信息	姓　名		使用年限	
	产品型号		任务日期	
客户需求	万用表□　　四环、五环电阻元件□　　电源□ 其他： _____			
任务内容	• 电阻元件、实际电源 • 电阻元件的伏安关系（欧姆定律）			
任务目标	知识目标 • 了解电阻器及其参数 • 了解实际电源的电路模型 • 理解电阻元件电压与电流的关系，掌握欧姆定律 技能目标 • 能识色环电阻，会用万用表测量电阻值 • 具备提取、处理数据能力 素养目标 • 培养良好的安全作业意识，规范操作意识 • 自主学习，主动完成任务内容，提炼学习重点 • 培养实事求是的科学态度，提高学习兴趣			
任务重点	电阻元件的伏安关系（欧姆定律）			
任务难点	实际电源的两种电路模型所对应的外特性			
思政引导	专研精神、探索真理			
任务考核	学生自评 30%+学生互评 30%+教师评价 40%＝总评成绩			

知识储备

- 扫描二维码，观看电路的基本元件微课。
- 思政聚焦——欧姆及其伟大成就。

电路的基本元件

思政聚焦-欧姆及其伟大成就

【资讯】

一、电阻元件

1. 电阻的概念

电荷在电场力作用下做定向运动时，通常要受到阻碍作用。物体对电流的阻碍作用称为该物体的电阻，用符号 R 表示。电阻的单位是欧姆（Ω），简称为欧。

常用电阻的单位还有千欧（kΩ）和兆欧（MΩ）

$$1MΩ = 1000kΩ = 10^6 Ω$$

电阻元件是对电流呈现阻碍作用的耗能元件的总称，如电炉、白炽灯及电阻器等。

2. 电导

电阻的倒数称为电导，电导是表征材料的导电能力的一个参数，用符号 G 表示。电导与电阻的关系为

$$G = 1/R$$

电导的单位是西门子（S），简称为西。

3. 电阻元件的伏安关系（欧姆定律）

1827年，德国科学家欧姆总结出：施加于电阻元件上的电压与通过它的电流成正比。图 2-6a 所示电路中，U、I 为关联参考方向，其伏安关系为

$$I = \frac{U}{R} \text{ 或 } U = IR$$

称之为欧姆定律。

若电压与电流为非关联参考方向时，如图 2-6b 所示，其数学表达式为

$$U = -IR$$

a) U、I 为关联参考方向　　b) U、I 为非关联参考方向

图 2-6　部分电路

【引导问题】

问题[2-8]　欧姆定律反映了在（　　　　）的一段电路中，电流与这段电路两端的电压及电阻的关系？

_____
_____
_____
_____

问题[2-9]　欧姆定律是适用于线性电路，还是非线性电路？

_____
_____
_____
_____

在以后的电路分析中，如不加特别说明，均为关联参考方向。根据欧姆定律，电阻两端电压与电流的关系曲线称为伏安特性曲线。如果加在电阻两端的电压和流过电阻的电流呈线性关系，则电阻称为线性电阻，其伏安特性曲线如图 2-7a 所示。如果加在电阻两端的电压和流过电阻的电流不呈线性关系，则电阻称为非线性电阻，其伏安特性曲线如图 2-7b 所示。

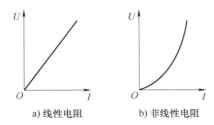

a) 线性电阻　　　b) 非线性电阻

图 2-7　线性电阻和非线性电阻伏安特性曲线

4. 电阻元件的识别

电阻阻值的标识方法有直标法、文字符号法、色标法和数码法。

（1）直标法

直接用数字表示电阻的阻值和误差。如图 2-8 所示，电阻上印有"390Ω±5%"，则表示阻值为 390Ω，误差为 5%。

（2）数标法

用数字和文字符号或两者有规律的组合来表示电阻的阻值。文字符号 Ω、K、M 前面的数字表示阻值的整数部分，文字符号后面的数字表示阻值的小数部分。例如，标有"3K6"的电阻，其阻值为 3.6kΩ，该方法常见于贴片电阻或进口器件上。如图 2-9 所示，电阻器上的 103，代表标称阻值为 $10 \times 10^3 \Omega = 10000\Omega = 10k\Omega$。

图 2-8　电阻阻值的直标法　　图 2-9　电阻阻值的数标法

（3）色标法

用不同颜色的色环表示电阻的阻值和误差。常见的色环电阻有四环电阻和五环电阻，其中五环电阻属于精密电阻。

★ 注意事项：

读取色环电阻的阻值时应注意以下几点：

① 熟记图 2-10 中色环对应关系。

② 先找出标志误差的色环，从而排定顺序。最常见的表示电阻误差的颜色是金、银、棕，尤其是金环和银环（比如：四环电阻多以金色作为误差环，五环电阻多以棕色作为误差环）。

③ 当色环电阻标记不清或个人辨色能力差时，可采用万用表测量。

问题 [2-10]　如何确定色环电阻器的第一环？

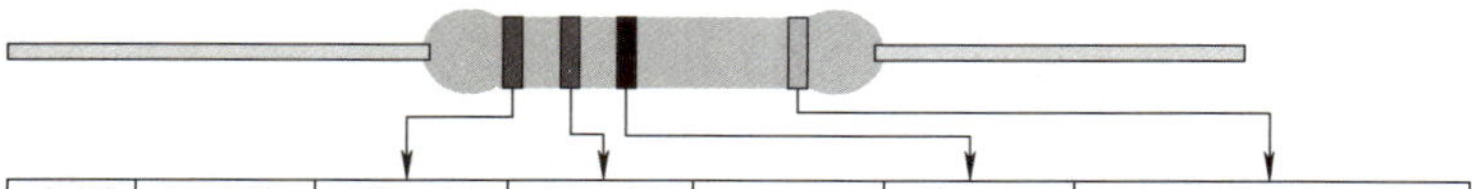

色标	代表数	第一环	第二环	第三环	第三环	％	第五环	字母
棕	1	1	1	1	10	±1		F
红	2	2	2	2	100	±2		G
橙	3	3	3	3	1k			
黄	4	4	4	4	10k			
绿	5	5	5	5	100k	±0.5		D
蓝	6	6	6	6	1M	±0.25		C
紫	7	7	7	7	10M	±0.1		B
灰	8	8	8	8		±0.05		A
白	9	9	9	9				
黑	0	0	0	0	1			
金	0.1				0.1	±5		J
银	0.01				0.01	±10		K
无		第一环	第二环	第三环	第四环	±20		M

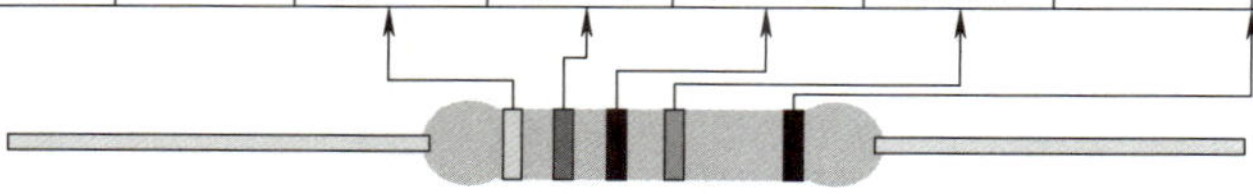

图 2-10　电阻的色环标注法示意图

【例 2-2】　已知一只五色环的电阻，其色环序列为：红、黑、黑、棕、棕，请用电阻的色标法识别电阻的阻值。

解：五色环电阻的前三环为有效位，故依次写出颜色对应的有效值为 200；然后第四环数字代表为 10 的倍率，棕色即 10^1，电阻的阻值则为

$$200 \times 10 = 2000 = 2k$$

最后一环代表允许偏差值，棕色表示 ±1% 的允许偏差。所以该电阻为阻值 2kΩ 允许偏差为 ±1% 的电阻。

问题 [2-11]　定性画出理想电压源的伏安特性曲线。

二、实际电源的电路模型

电源的电路模型一般分为两种：电压源和电流源。

1. 电压源

（1）理想电压源

输出电压不受外电路影响，只依照自己固有的随时间变化

的规律变化的电源，称为理想电压源。

电路符号如图2-11所示。

理想电压源具有如下几个性质：

① 它对外输出的电压 U_s 是恒定值，与流过它的电流无关，即与接入电路的方式无关。

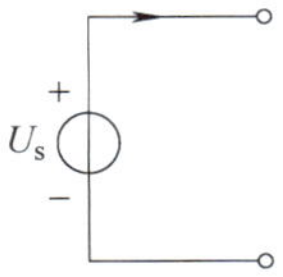

图2-11 理想电压源

② 流过理想电压源的电流由它本身与外电路共同决定，即与它相连接的外电路有关。

（2）实际电压源

理想电压源是从实际电源中抽象出来的理想化元件，在实际中是不存在的。其端电压都随着电流变化而变化，例如当电池接上负载后，其电压就会降低，这是由于电池内部有电阻的缘故。所以可以用一个理想电压源和一个电阻串联来模拟，此模型称为实际电压源模型。

电路符号如图2-12所示。

电阻 R_0 叫做电源的内阻。

实际电压源的端电压为

$$U = U_s - IR_0$$

图2-13是实际直流电压源伏安特性曲线。

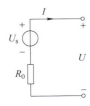

图2-12 实际电压源 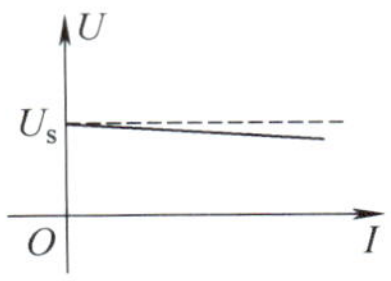　　图2-13 实际电压源的伏安特性曲线

2. 电流源

（1）理想电流源

理想电流源也是一个二端理想元件。与电压源相反，通过理想电流源的电流与电压无关，不受外电路影响，只依照自己固有的随时间变化的规律而变化，这样的电源称为理想电流源。

电路符号如图2-14所示。

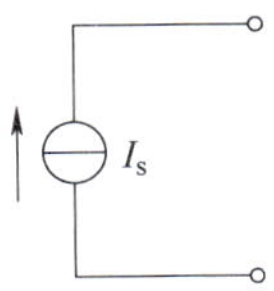

图2-14 理想电流源（直流）

问题 [2-12] 定性画出理想电流源的伏安特性曲线。

理想电流源具有如下几个性质:

① 理想电流源的输出电流是常数,与它两端的电压无关,即与接入电路的方式无关。

② 加在理想电流源两端的电压由它本身与外电路共同决定,即与它相连接的外电路有关。

(2) 实际电流源

理想电流源是从实际电源中抽象出来的理想化元件,在实际中也是不存在的。像光电池这类实际电源,由于其内部存在损耗,接通负载后输出电流降低。这样的实际电源,可以用一个理想电流源和一个电阻并联来模拟,此模型称为实际电流源模型。

电路符号如图 2-15 所示。

问题 [2-13] 定性画出实际电流源的伏安特性曲线。

图 2-15 实际电流源

项目二　迷你小台灯的设计与制作

任务实施

一、任务准备

从表 2-8 中选出任务过程中所需要设备、元器件及工具，并查阅资料在图标下面注明参数。

表 2-8　设备工具清单

电线	电源	二极管	万用表
断路器	变阻器	电阻	电阻箱

二、防护措施（见表 2-9）

表 2-9　防护措施

防护项目	具体内容	备注
个人安全防护	1. 工作人员尽量不佩戴影响操作的手表、首饰和其他配饰 2. 工作人员规范使用各种仪器仪表，一切按照既定流程操作	
设备安全防护	1. 各仪器仪表是否在合格使用期内，并检测仪器仪表是否正常工作 2. 万用表电量是否充足	检查仪器仪表名称：
场地安全防护	1. 场地安全标识到位 2. 现场灭火设施完善 3. 现场不相关设备，特别是影响作业的设备应清场	

三、任务分配（见表 2-10）

表 2-10 任务分配表

职　务	代　码	姓　名	工作内容
组长	A		
组员	B		
	C		
	D		

四、任务步骤

1. 电阻识读与测量

（1）电阻识读

1）某四色环标定的电阻 4 条色环如图 2-16 所示分别是红、黑、红、金，识读电阻填入表 2-11 中。

表 2-11 读出四色环电阻的阻值和误差

电阻的色环	电阻 1 红色	电阻 2 黑色	电阻 3 红色	电阻 4 金色
读出电阻值与误差				

2）某五色环标定的电阻 5 条色环如图 2-17 所示分别是红、红、黑、红和红，识读电阻值填入表 2-12 中。

表 2-12 读出五色环电阻的阻值和误差

电阻的色环	电阻 1 红色	电阻 2 红色	电阻 3 黑色	电阻 4 红色	电阻 5 红色
读出电阻值与误差					

图 2-16 四色环电阻器

图 2-17 五色环电阻器

当色环电阻标记不清或个人辨色能力差时，可采用万用表测量。

（2）电阻测量

用数字万用表测量电阻时，直接按所选量程及单位读数。测量时，将量程开关拨至 Ω 范围内的合适量程，红表笔（正极）插入 Ω/V，黑表笔（负极）插入 COM 孔。

⚠ **注意**：如果被测电阻超出所选量程的最大值，万用表将显示过量程"1"，这时应选择更高的量程。对大于 1MΩ 的电阻，要等待几秒稳定后再读数。

2. 电阻元件的伏安特性

通过对电路中电压、电流的测量，分析电压、电流与电阻的关系。

（1）按照图 2-18 所示电路图，连接好电路。

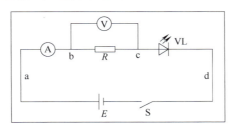

图 2-18　电压和电流测量电路

（2）用两块万用表，分别拨在直流电压档和直流电流档。闭合开关 S，观察发光二极管 VL 的亮度。

（3）分别读取电压、电流值，将结果填入表 2-13 中。

（4）改变电阻箱 R 的阻值，重新测量 R 两端电压以及电路中的电流，将结果填入表 2-13 中。

（5）利用欧姆定律，计算 R 的实测阻值，也填入表 2-13 中。

表 2-13　任务分配表

R 标称阻值/Ω	R 两端电压/V	电路电流/A	R 实测阻值/Ω	R 计算阻值/Ω
100				
390				
510				

从表 2-11 可以看出，R 的阻值越大，其两端电压（　　　　），流过它的电流（　　　　），发光二极管越（　　　　）。

五、结果分析（见表 2-14）

表 2-14　结果分析表

项　　目	结论和原因	备　　注
相同的色环电阻，用万用表测量的电阻值和读取色环读出的电阻值是否相同？		
分析电压、电流和电阻的关系		
遇到的问题和解决方法		

项目二 迷你小台灯的设计与制作

评价反馈

表 2-15 考核评分表

任务名称	电路的基本元件		姓名		学号		任务得分		
考核项目	考核内容	配分	评分标准				自评 30%	互评 30%	师评 40%	得分
知识技能 40 分	能仔细阅读资讯材料,画出重点内容	5	优 5	良 4	合格 3	不合格 0				
	能借助信息化资源进行信息收集,自主学习	15	优 15	良 12	合格 9	不合格 0				
	能正确完成引导问题,写出完整答案	15	优 15	良 12	合格 9	不合格 0				
	能与老师进行交流,提出关键问题,有效互动	5	优 5	良 4	合格 3	不合格 0				
实操技能 40 分	能对电阻进行识读	10	优 10	良 8	合格 6	不合格 0				
	用万用表测量电阻	10	优 10	良 8	合格 6	不合格 0				
	能测量电阻元件的伏安关系	15	优 15	良 12	合格 9	不合格 0				
	文明操作,工作台面清洁,工具摆放整齐,工作过程规范	5	优 5	良 4	合格 3	不合格 0				
态度情感 20 分	实事求是的科学态度,有克服困难的信心和决心,体验战胜困难,解决问题的喜悦	10	优 10	良 8	合格 6	不合格 0				
	安全操作,无损伤损坏元器件及设备,认真负责,精心操作的工作习惯	5	优 5	良 4	合格 3	不合格 0				
	有集体荣誉感和团队意识	5	优 5	良 4	合格 3	不合格 0				

任务总结

请简单总结任务的完成过程及一些心得体会。

任务三　基尔霍夫定律的验证

任务工单

表 2-16　任务工单

任务信息	任务名称	验证基尔霍夫定律	姓　　名	
	班　　级		学　　号	
客户信息	姓　　名		使用年限	
	产品型号		任务日期	
客户需求	直流可调稳压电源□　直流数字电压表□　直流数字电流表□ 万用表□　HE-12 挂箱的"基尔霍夫定律/叠加原理"线路□ 其他： _____			
任务内容	• 基尔霍夫定律 • 基尔霍夫定律的应用			
任务目标	知识目标 • 理解支路、节点、回路、网孔等基本概念 • 掌握基尔霍夫两定律所阐述的内容 • 应用基尔霍夫两定律进行计算 • 掌握支路电流法定义及解题的一般步骤 技能目标 • 培养实际操作能力及独立思考、钻研、探究新知识的能力 • 培养创新意识，提高分析问题与解决问题的能力，举一反三，触类旁通 素养目标 • 安全规范、严谨细致、节约能源，勇于探索的科学态度 • 培养学生通过实验现象归纳事物本质、将感性认识提升为理论知识能力			
任务重点	基尔霍夫定律			
任务难点	基尔霍夫定律的应用			
思政引导	正确的人生观和价值观			
任务考核	学生自评 30%+学生互评 30%+教师评价 40%＝总评成绩			

知识储备

- 扫描二维码，观看基尔霍夫定律微课。
- 思政聚焦——基尔霍夫及其伟大成就。

基尔霍夫定律

思政聚焦-基尔霍夫及其伟大成就

【资讯】

一、基尔霍夫定律

在实际应用电路中，电路有简单也有复杂，根据复杂程度不同可分成复杂电路和简单电路。能够运用欧姆定律和电阻的串并联解决电路中问题的电路称为简单电路；反之，只运用欧姆定律和电阻串并联无法解决电路中问题的电路称为复杂电路。为了解决复杂电路问题引入了基尔霍夫定律，下面介绍基尔霍夫定律中涉及的几个基本概念。

1. 基本概念（见图 2-19）

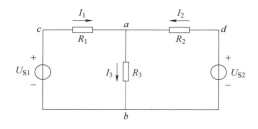

图 2-19 节点、支路、回路图

1）支路：由一个或几个元件首尾相接组成的无分支电路。
2）节点：三条或三条以上支路的连接点。
3）回路：电路中任何一个闭合路径。
4）网孔：中间无任何支路穿过的回路。

2. 基尔霍夫电流定律（KCL）

1）内容：在任一瞬间，对电路中的任一节点，流进某一节点的电流之和恒等于流出该节点的电流之和。
2）公式：$\sum I_{进} = \sum I_{出}$
3）定律讨论的对象为节点电流，故基尔霍夫第一定律又称为节点电流定律。

【引导问题】

问题［2-14］ 含有两个以上电源的电路是复杂电路；分析复杂电路的方法是什么呢？

问题［2-15］ 如图 2-19 所示，给出电路中支路、节点、回路、网孔个数，并说出具体名称？

问题［2-16］ 基尔霍夫电流定律讨论的对象是什么？

【例 2-3】 如图 2-20 所示，列出节点 A 的电流方程
$$I_1+I_3=I_2+I_4+I_5$$
将此式移项得
$$I_1+I_3-I_2-I_4-I_5=0$$
上式表明：若规定流入节点的电流为"+I"，流出节点的电流为"-I"，则基尔霍夫电流定律又可叙述为：在任一瞬间通过电路中任一节点，流入（或流出）该节点电流的代数和恒等于零。即可得基尔霍夫电流定律的第二种表述：

即 $\sum I=0$

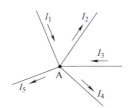

图 2-20 KCL 电路图

问题［2-17］ 请指出图 2-20 中所示电路中有几条支路，并用基尔霍夫电流定律的第二种表达列出节点 A 的电流方程。

【例 2-4】 如图 2-21 所示，对节点 A、B、C 分别列出基尔霍夫电流定律。
$$I_A=I_{AB}-I_{CA}$$
$$I_B=I_{BC}-I_{AB}$$
$$I_C=I_{CA}-I_{BC}$$
上面三式相加可得 $I_A+I_B+I_C=0$ 或 $\sum I=0$。

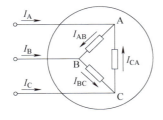

图 2-21 【例 2-4】图

把图 2-21 中 AB、BC、AC 所在支路看成闭合曲面，即流入此闭合曲面的电流之和恒等于流出该曲面的电流之和。

这是基尔霍夫电流定律的推广，节点电流不仅适用于节点，对于任意假设的封闭面来说，它仍然成立。

3. 基尔霍夫电压定律（KVL）

基尔霍夫电压定律（KVL）用来反映电路中任意回路内各支路电压之间的关系。它表述为：在任意回路内的各支路电压的代数和等于零，当电压的方向与绕行方向一致时，取正；与绕行方向相反，取负。其数学表示式为

问题［2-18］ 基尔霍夫电压定律讨论的对象是什么？

$$\sum U = 0$$

在图 2-19 中，若按顺时针绕行方向，根据 KVL 可得

$$U_1 - U_2 + U_{S2} - U_{S1} = 0$$

根据欧姆定律，上式还可表示为

$$I_1 R_1 - I_2 R_2 + U_{S2} - U_{S1} = 0$$

$$\sum U_S = \sum IR$$

上式表示，沿回路绕行方向，各电源电动势的代数和等于各电阻上电压降的代数和。

KVL 不仅应用于回路，也可推广应用于一段不闭合电路。假想电路是通过某元件闭合，如图 2-22 所示电路中，AB 两端未闭合，若设 A、B 两点之间的电压为 U_{AB}，根据基尔霍夫电压定律，按顺时针绕行方向可得 $U_S - U_{AB} + U_R = 0$

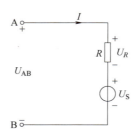

图 2-22　KVL 电路图

则

$$U_{AB} = U_S + RI$$

【例 2-5】　电路如图 2-23 所示，已知：$R_1 = R_2 = 6\Omega$，$R_3 = 8\Omega$，$U_{S1} = 30V$，$U_{S2} = 20V$。求图示电路中电流 I 和 A、B 两点的电压 U_{AB}。

解：由基尔霍夫电压定律（KVL）对回路 I 列方程

$$U_{S1} - U_{S2} - (R_1 + R_2 + R_3)I = 0$$

求出 $I = U_{S1} - U_{S2} / R_1 + R_2 + R_3 = 0.5A$

对回路 II 列方程得

$$U_{AB} - U_{S2} - R_2 I = 0$$

求出

$$U_{AB} = U_{S2} + R_2 I = (20 + 6 \times 0.5)V = 23V$$

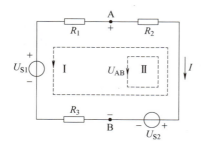

图 2-23　【例 2-5】图

二、基尔霍夫定律的应用——支路电流法

1. 线性网络方程的独立性

通过对实际电路的分析可以得到如下结论：

1）一般地，具有 n 个节点的网络，按 KCL 只能写出 $n-1$ 个独立方程，对应的 $n-1$ 个节点称为独立节点，剩余的一个节点称为参考节点。

2）一般地，具有 n 个节点、b 条支路的网络，按 KVL 只能写出 $l=[b-(n-1)]$ 个独立方程。为了保证 KVL 方程的独立性，通常可选取网孔来列 KVL 方程，或保证每次选取的回路都至少包含一个新的支路。

综上所述，具有 n 个节点、b 条支路的网络，有 $l=[b-(n-1)]$ 个独立的 KVL 方程，$n-1$ 个独立的 KCL 方程，整个电路独立方程的总个数为 b 个。

2. 支路电流法

以支路电流为求解变量，由支路方程求解电路的方法称为支路电流分析法，简称支路电流法。

【例 2-6】 用支路电流法求解如图 2-24 所示电路中各支路电流。

解：该电路有 3 条支路、2 个节点。首先指定各支路电流的参考方向。

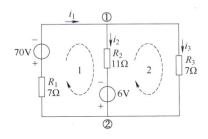

图 2-24 【例 2-6】图

设流出节点的电流为正，列出节点电流方程：

  节点 1 $-i_1+i_2+i_3=0$

选取独立回路，并指定绕行方向，列出回路方程：

  回路 1 $7i_1+11i_2-6+70=0$

  回路 2 $-11i_2+7i_3+6=0$

联立求解，得到

  $i_1=-6A$ $i_2=-2A$ $i_3=-4A$

问题 [2-19] 用支路电流法解题的一般步骤是什么？

任务实施

一、任务准备

从表 2-17 中选出任务过程中所需要的图样和设备，并查阅资料在图标下面注明参数。

表 2-17　设备工具清单

断路器	电源	数字直流电流表	万用表
HE-12 挂箱的"基尔霍夫定律"线路	数字电流、电压表	直流数字电压表	开关

二、防护措施（见表 2-18）

表 2-18　防护措施

防护项目	具体内容	备　注
个人安全防护	1. 工作人员尽量不佩戴影响操作的手表、首饰和其他配饰 2. 工作人员规范使用各种仪器仪表，一切按照既定流程操作	
设备安全防护	1. 各仪器仪表是否在合格使用期内，并检测仪器仪表是否正常工作 2. 万用表电量是否充足	检查仪器仪表名称：
场地安全防护	1. 场地安全标识到位 2. 现场灭火设施完善 3. 现场不相关设备，特别是影响作业的设备应清场	

三、任务分配（见表 2-19）

表 2-19　任务分配表

职　　务	代　　码	姓　　名	工作内容
组长	A		
组员	B		
	C		
	D		

四、任务步骤

实验线路如图 2-25 所示，用 HE-12 挂箱的"基尔霍夫定律/叠加原理"线路。

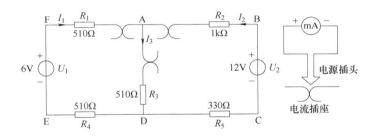

图 2-25　HE-12 挂箱的"基尔霍夫定律"线路

1）实验前先任意设定三条支路和三个闭合回路的电流正方向。图 2-25 中的 I_1、I_2、I_3 的方向已设定，三个闭合回路的电流正方向可设为 ADEFA、BADCB 和 FBCEF。

2）分别将两路直流稳压电源接入电路，令 $U_1=6V$，$U_2=12V$。

3）熟悉电流插头的结构，将电流插头的两端接至数字毫安表的"+、-"两端。

4）将电流插头分别插入三条支路的三个电流插座中，读出并记录在表 2-20 中。

5）用直流数字电压表分别测量两路电源及电阻元件上的电压值，记录在表 2-20 中。

6）归还设备，清理台面，检查安全条例，培养职业素养。

表 2-20　任务分配表

被测量	I_1/mA	I_2/mA	I_3/mA	U_1/V	U_2/V	U_{FA}/V	U_{AB}/V	U_{AD}/V	U_{CD}/V	U_{DE}/V
计算值										
测量值										
相对误差										

五、结果分析（见表 2-21）

表 2-21　结果分析表

项　　目	结论和原因	备　　注
A 节点的各支路电流之间的关系		
分析 ADEFA、BADCB 和 FBCEF 三个闭合回路电压之间的关系		
计算值与测量值产生误差的原因		

项目二 迷你小台灯的设计与制作

评价反馈

表 2-22 考核评分表

任务名称	基尔霍夫定律的验证		姓名			学号			任务得分	
考核项目	考核内容	配分	评分标准				自评 30%	互评 30%	师评 40%	得分
知识技能 40分	能仔细阅读资讯材料，画出重点内容	10	优10	良8	合格6	不合格0				
	能借助信息化资源进行信息收集，自主学习	15	优15	良12	合格9	不合格0				
	能正确完成引导问题，写出完整答案	10	优10	良8	合格6	不合格0				
	能与老师进行交流，提出关键问题，有效互动	5	优5	良4	合格3	不合格0				
实操技能 40分	学会验证基尔霍夫电流定律	10	优10	良8	合格6	不合格0				
	学会验证基尔霍夫电压定律	15	优15	良12	合格9	不合格0				
	学会用电流插头、插座测量各支路电流的方法	5	优5	良4	合格3	不合格0				
	学会用直流数字电压表分别测量两路电源及电阻元件上的电压值	5	优5	良4	合格3	不合格0				
	文明操作，工作台面清洁，工具摆放整齐，工作过程规范	5	优5	良4	合格3	不合格0				
态度情感 20分	严谨的科学态度，热爱科学，勇于探索的精神	10	优10	良8	合格6	不合格0				
	安全操作，无损伤损坏元器件及设备，认真负责，精心操作的工作习惯	5	优5	良4	合格3	不合格0				
	有集体荣誉感和团队意识	5	优5	良4	合格3	不合格0				

任务总结

请简单总结任务的完成过程及一些心得体会。

任务四　直流电路分析方法

任务工单

表 2-23　任务工单

任务信息	任务名称	直流电路分析方法	姓　　名	
	班　　级		学　　号	
客户信息	姓　　名		使用年限	
	产品型号		任务日期	
客户需求	直流稳压电源□　直流数字电压表□　直流数字电流表□ 万用表□　HE-12 挂箱的"基尔霍夫定律/叠加原理"线路□ 其他： 			
任务内容	• 电压源与电流源的等效变换 • 叠加原理及其应用			
任务目标	知识目标 • 掌握电压源与电流源的等效变换 • 掌握叠加定理的内容 • 掌握叠加定理求解支路电流的步骤，并能熟练应用到实际电路中 技能目标 • 熟练运用叠加定理解决复杂电路 • 能够通过实验验证线性电路叠加原理的正确性 素养目标 • 培养独立思考和钻研、探究新知识的能力 • 自主学习，主动完成任务内容，提炼学习重点 • 培养创新意识，提高分析问题与解决问题的能力			
任务重点	叠加定理内容及解题步骤			
任务难点	电压源与电流源的等效变换应用 叠加定理的应用			
思政引导	树立集体主义观念，实现中国梦			
任务考核	学生自评 30%+学生互评 30%+教师评价 40%＝总评成绩			

知识储备

- 扫描二维码，观看直流电路分析方法微课。
- 思政聚焦——等效算法，设计人生算法，实现中国梦。

直流电路分析方法
 思政聚焦-等效算法、设计人生算法、实现中国梦

【资讯】

一、二端网络等效的概念

1. 二端网络

网络是指复杂的电路。网络 A 通过两个端钮与外电路连接，A 叫二端网络，如图 2-26a 所示。

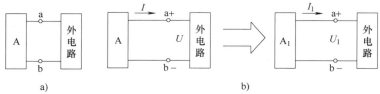

图 2-26 二端网络及其等效的概念

2. 等效的概念

当二端网络 A 与二端网络 A_1 的端钮的伏安特性相同时，即 $I=I_1$，$U=U_1$，则称 A 与 A_1 是两个对外电路等效的网络，如图 2-26b 所示。

二、实际电压源与实际电流源的等效变换

图 2-27a 所示为实际电压源，是由理想电压源 U_S 和内阻 R_S 串联组成的；图 2-27b 所示为实际电流源，是由理想电流源 I_S 和内阻 R_S' 并联组成的。两者等效变换的条件如下：

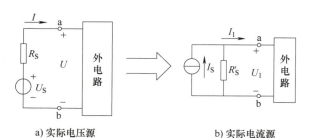

a) 实际电压源 b) 实际电流源

图 2-27 实际电压源等效为实际电流源示意图

【引导问题】

问题 [2-20] 等效电路是针对外电路还是指对内电路？

问题 [2-21] 理想电压源与理想电流源之间能否进行等效变换？

由图 2-27a 得
$$U = U_S - IR_S$$
由图 2-27b 得
$$I_1 = I_S - \frac{U_1}{R'_S}$$
所以
$$U_1 = I_S R'_S - I_1 R'_S$$
根据等效的概念，当这两个二端网络相互等效时，有 $I = I_1$，$U = U_1$，比较上面两式得出
$$U_S = I_S R'_S$$
$$R_S = R'_S$$
上两式就是实际电压源与实际电流源的等效变换公式。

等效变换时，R_S 保持不变，但接法改变。

电压源与电流源等效变换是分析复杂电路的方法之一。在进行电压源和电流源的等效变换时应注意以下几点：

1）电源互换是电路等效变换的一种方法。这种等效是电源对外电路输出电流 I、端电压 U 的等效，而对电源内部并不等效。

2）变换时两种电路模型的极性必须一致，电流源流出电流的一端与电压源的正极性端相对应。

【例 2-7】 试完成图 2-28 所示电路的等效变换。

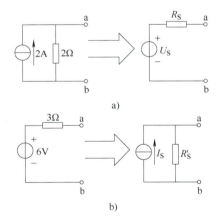

图 2-28 【例 2-7】图

问题 [2-22] 什么是线性电路？叠加定理为什么只适用于线性电路？

解：由图 2-28a 可知 $I_S = 2A$，$R'_S = 2\Omega$
则
$$U_S = I_S R'_S = 2 \times 2V = 4V$$
$$R_S = R'_S = 2\Omega$$
由图 2-28b 可知 $U_S = 6V$ $R_S = 3\Omega$

$$I_S = \frac{U_S}{R_S} = \frac{6}{3}A = 2A$$

则
$$R'_S = R_S = 3\Omega$$

三、叠加定理

叠加定理是对电路进行等效变换的分析方法，通过等效变换来改变电路的结构使电路得以简化。叠加定理是反映线性电路基本性质的一个十分重要的定理，也是在电路分析中对电路进行等效变换的分析方法之一。

问题 [2-23] 什么是电源的单独作用？在电路中如何去除电源？

【例 2-8】 求图 2-29a 所示电路中的电流。

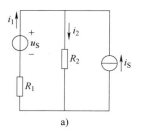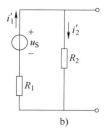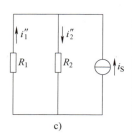

图 2-29 网络叠加性

解： 图 2-29a 是一个含有两个独立源的线性电路，根据基尔霍夫定律，列写电路的 KCL 和 KVL 方程为

$$\begin{cases} i_1 R_1 + i_2 R_2 = u_S \\ i_1 - i_2 + i_S = 0 \end{cases}$$

整理可得

R_2 支路中电流为

$$i_2 = \frac{u_S + i_S R_1}{R_1 + R_2} = \frac{u_S}{R_1 + R_2} + \frac{R_1}{R_1 + R_2} i_S$$

图 2-29b 是电压源 u_S 单独作用下的情况。此情况下电流源的作用为零，零电流源相当于无限大电阻（即开路）。在 u_S 单独作用下，可得 R_2 支路电流为

$$i'_2 = \frac{u_S}{R_1 + R_2}$$

图 2-29c 是电流源 i_S 单独作用下的情况。此情况下电压源的作用为零，零电压源相当于零电阻（即短路）。在 i_S 单独作用下，可得 R_2 支路电流为

$$i''_2 = \frac{R_1}{R_1 + R_2} i_S$$

求所有独立源单独作用下 R_2 支路电流的代数和，得

$$i'_2 + i''_2 = \frac{u_S}{R_1+R_2} + \frac{R_1}{R_1+R_2}i_S = i_2$$

即两个电源同时作用于电路时，在支路中产生的电流等于它们分别作用于电路时，在该支路产生电流的叠加。

将上述结论推广到一般线性电路，可以得到描述线性电路叠加性的重要定理——电路叠加定理。

1. 叠加定理内容

当线性电路中有两个或两个以上的独立电源作用时，任意支路的电流（或电压）响应，等于电路中每个独立电源单独作用下在该支路中产生的电流（或电压）响应的代数和。

使用叠加定理时，应注意以下几点：

1) 只能用来计算线性电路的电流和电压，对非线性电路，叠加定理不适用。

2) 叠加时要注意电流和电压的参考方向，求其代数和。

3) 化为几个单独电源的电路来进行计算时，所谓电压源不作用，就是在该电压源处用短路代替；电流源不作用，就是在该电流源处用断路代替。

4) 不能用叠加定理直接来计算功率。

2. 叠加定理应用

【例 2-9】 用叠加定理求图 2-30a 所示电路中的电流 I。

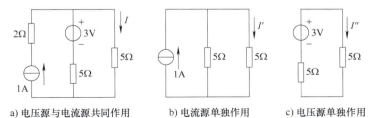

a) 电压源与电流源共同作用　　b) 电流源单独作用　　c) 电压源单独作用

图 2-30　叠加定理图例

解：（1）电流源单独作用。令 3V 电压源不作用，即等效为短路，电路如图 2-30b 所示，根据分流公式得

$$I' = \frac{5\Omega}{5\Omega+5\Omega} \times 1A = 0.5A$$

（2）电压源单独作用。令 1A 电流源不作用，即等效为开路，电路如图 2-30c 所示，根据分压公式得

$$I'' = \frac{3V}{5\Omega+5\Omega} = 0.3A$$

所以

（3）由叠加定理得

$$I = I' + I'' = 0.5A + 0.3A = 0.8A$$

问题 [2-24]　功率计算为什么不能直接利用叠加定理？

一、任务准备

从表 2-24 中选出任务过程中所需要的图样和设备,并查阅资料在图标下面注明参数。

表 2-24　设备工具清单

电容	电源	断路器	万用表
HE-12 挂箱的"叠加原理"线路	数字电流、电压表	电阻	继电器

二、防护措施（见表 2-25）

表 2-25　防护措施

防护项目	具体内容	备　　注
个人安全防护	1. 工作人员尽量不佩戴影响操作的手表、首饰和其他配饰 2. 工作人员规范使用各种仪器仪表，一切按照既定流程操作	
设备安全防护	1. 各仪器仪表是否在合格使用期内，并检测仪器仪表是否正常工作 2. HE-12 挂箱是否完好	检查仪器仪表名称：
场地安全防护	1. 场地安全标识到位 2. 现场灭火设施完善 3. 现场不相关设备，特别是影响作业设备清场	

三、任务分配（见表2-26）

表2-26 任务分配表

职务	代码	姓名	工作内容
组长	A		
组员	B		
	C		
	D		

四、任务步骤

实验线路如图2-31所示，用HE-12挂箱的"基尔霍夫定律/叠加原理"线路。

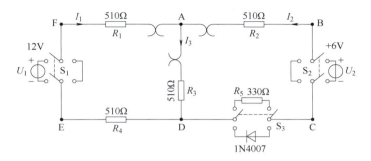

图2-31 HE-12挂箱的"叠加原理"线路

1）将两路稳压源的输出分别调节为12V和6V，接入 U_1 和 U_2 处。令 U_1 电源单独作用（将开关 S_1 投向 U_1 侧，开关 S_2 投向短路侧）。用直流数字电压表和毫安表（接电流插头）测量各支路电流及各电阻元件两端的电压，数据记入表2-27。

表 2-27

测量项目 实验内容	U_1/V	U_2/V	I_1/mA	I_2/mA	I_3/mA	U_{AB}/V	U_{CD}/V	U_{AD}/V	U_{DE}/V	U_{FA}/V
U_1 单独作用										
U_2 单独作用										
U_1、U_2 共同作用										
$2U_2$ 单独作用										

2）令 U_2 电源单独作用（将开关 S_1 投向短路侧，开关 S_2 投向 U_2 侧），重复实验步骤2）的测量和记录，数据记入表2-27。

3）令 U_1 和 U_2 共同作用（开关 S_1 和 S_2 分别投向 U_1 和 U_2 侧），重复上述的测量和记录，数据记入表2-27。

4）将 U_2 的数值调至+12V，重复上述第 3 项的测量并记录，数据记入表 2-27。

5）归还设备，清理台面，检查安全条例，培养职业素养。

五、结果分析（见表 2-28）

表 2-28　结果分析表

项　　目	结论和原因	备　　注
分析 U_1 单独作用时 I_1，U_2 单独作用时 I_1 和 U_1、U_2 共同作用时 I_1 之间的关系		
分析 U_1 单独作用时 U_{AB}，U_2 单独作用时 U_{AB} 和 U_1、U_2 共同作用时 U_{AB} 之间的关系		
计算值与测量值产生误差的原因		

评价反馈

表 2-29 考核评分表

任务名称	直流电路分析方法		姓名		学号		任务得分			
考核项目	考核内容	配分	评分标准				自评 30%	互评 30%	师评 40%	得分
知识技能 40 分	能仔细阅读资讯材料，画出重点内容	5	优 5	良 4	合格 3	不合格 0				
	能借助信息化资源进行信息收集，自主学习	15	优 15	良 12	合格 9	不合格 0				
	能正确完成引导问题，写出完整答案	15	优 15	良 12	合格 9	不合格 0				
	能与老师进行交流，提出关键问题，有效互动	5	优 5	良 4	合格 3	不合格 0				
实操技能 40 分	学会验证叠加定理	20	优 20	良 16	合格 12	不合格 0				
	学会用电流插头、插座测量各支路电流的方法	5	优 5	良 4	合格 3	不合格 0				
	学会用直流数字电压表分别测量两路电源及电阻元件上的电压值	5	优 5	良 4	合格 3	不合格 0				
	学会用直流数字电压表分别测量两路电源及电阻元件上的电压值	5	优 5	良 4	合格 3	不合格 0				
	文明操作，工作台面清洁，工具摆放整齐，工作过程规范	5	优 5	良 4	合格 3	不合格 0				
态度情感 20 分	态度端正，做事细心认真	10	优 10	良 8	合格 6	不合格 0				
	安全操作，无损伤损坏元器件及设备	5	优 5	良 4	合格 3	不合格 0				
	有集体荣誉感和团队意识	5	优 5	良 4	合格 3	不合格 0				

任务总结

请简单总结任务的完成过程及一些心得体会。

_____
_____
_____
_____

任务五　LED 充电台灯的电路分析与安装

任务工单

表 2-30　任务工单

任务信息	任务名称	LED 充电台灯的电路分析与安装	姓　　名	
	班　　级		学　　号	
客户信息	姓　　名		使用年限	
	产品型号		任务日期	
客户需求	二极管□　电阻□　电容□　开关□　发光二极管□　万用表□　电路板□　蓄电池□ 其他： 			
任务内容	• LED 充电台灯的电路分析与安装			
任务目标	知识目标 • 熟悉一些常用电工工具、仪表、开关元器件等的使用方法 • 掌握 LED 充电台灯的电路原理 技能目标 • 学会 LED 充电台灯的电路安装与调试 素养目标 • 自主学习，主动完成任务内容，提炼学习重点 • 培养学生的观察能力、动手能力、创新能力			
任务重点	LED 充电台灯的电路安装与调试			
任务难点	锡焊技术			
思政引导	工匠精神、职业素养			
任务考核	学生自评 30%+学生互评 30%+教师评价 40%＝总评成绩			

知识储备

• 思政聚焦——精益求精、精雕细琢的工匠精神。

思政聚焦-精益求精、精雕细琢的工匠精神

【资讯】

LED 充电台灯的电路原理分析。

在图 2-32 充电台灯的电路原理图中，220V 交流电路经过 C_1、R_1 组成的降压电路，送至 $VD_1 \sim VD_4$ 组成的桥式整流而获得脉动直流电。当把交流充电插头拔出并接至 220V 交流电时（按键开关不要按下），脉动直流电给可充电电池充电，同时发光二极管 VD_5 经电阻 R_2 而发光，表示充电电池处于充电状态，充电时间一般为 6~8h，请勿长时间充电造成电池损坏。充电完成后，拔下充电插头，这时按下开关 7 只 LED 发光二极管即可工作。

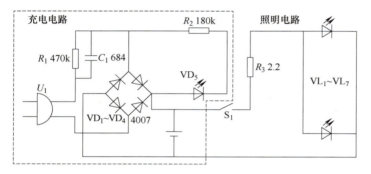

图 2-32 充电台灯的电路原理图

问题［2-25］ 什么是发光二极管？发光二极管的原理是什么？

问题［2-26］ 如何区分二极管的极性？

项目二 迷你小台灯的设计与制作

任务实施

一、任务准备

从表 2-31 中选出任务过程中所需要的图样、元器件和设备,并查阅资料在图标下面注明参数。

表 2-31 设备工具清单

电容	电源	二极管	万用表
发光二极管	数字电流、电压表	电阻	开关

二、防护措施(见表 2-32)

表 2-32 防护措施

防护项目	具体内容	备 注
个人安全防护	1. 工作人员尽量不佩戴影响操作的手表、首饰和其他配饰 2. 焊接时注意安全,避烫伤 3. 测试过程中注意安全用电	
设备安全防护	1. 各仪器仪表是否在合格使用期内,并检测仪器仪表是否正常工作 2. 焊接设备要良好接地	检查仪器仪表名称:
场地安全防护	1. 场地安全标识到位 2. 现场灭火设施完善 3. 现场不相关设备,特别是影响作业设备清场	

三、任务分配（见表 2-33）

表 2-33　任务分配表

职　务	代　码	姓　名	工作内容
组长	A		
组员	B		
	C		
	D		

四、任务步骤

1. 元件清单与元件检测

（1）清点元器件，请按元器件清单表 2-34 一一对应检查

① 将所有元器件统一收纳以防丢失。

② 清点完后请将暂时不用元器件、材料放回收纳袋备用。

表 2-34　元器件清单

型　号	数量	型　号	数量	型　号	数量
M3*6 螺钉	4	电阻 R_1	470k	电源	1块
M3*10 螺钉	4	电阻 R_2	180k	金属软导管	1根
3mm 发光管 VD_5	1	电阻 R_3	2.2Ω	动物外形前后塑壳	1套
5mm 草帽高亮发光管	7	电容 C_1	684	LED 灯护罩	1套
按键开关	1	蓄电池	1块	8.5cm 线	4根
按键开关帽	1	220V 插头	1套	20cm 线	2根
二极管 4007 $VD_1 \sim VD_4$	4	LED 线路板	1块		

（2）记清电阻元件的名称参数及外形

电阻色环的认识与规律见本项目任务二中的详细讲解。

（3）二极管的认识与检测

在图 2-33 所示二极管的测量中，选择万用表的二极管档位，测二极管的正、反向电阻，根据测量判断二极管的质量和二极管的正（P）极和负（N）极（有电阻值的那一次，黑表笔接的是二极管的正极、红表笔接的是二极管的负极）。

2. 装配顺序以及装配工艺

在图 2-34 充电台灯装配图中，安装的时候的应注意事项：

① 焊接前电阻要看清阻值大小，并用万用表校核。二极管要看清极性。电阻、二极管、开关紧贴电路板，采用卧式安

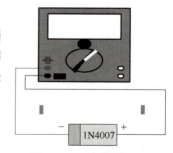

图 2-33　二极管的测量

装，二极管注意极性，其他元器件采用立式安装。引脚尽量贴着焊点减掉，不要留得过长以免安装时抵住电池。

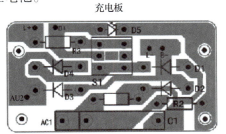
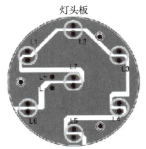

图 2-34　充电台灯装配图

② 3mm 的发光管焊接时不需要留高点焊接（高度可以拿面盖测试）。

③ 安装灯头板上发光二极管，注意观察电路板上，与 L-相连的铜箔均为负极对应 LED 的短脚，反之与 L+相连的铜箔为正极对应 LED 的长脚。

④ 电路板的安装：电路板上有四点安装孔，用两颗短螺钉固定对角孔即可。

⑤ 导线的安装：50mm 两根导线接电池：B+接电池正极，B-接电池负极（电池两个焊点，把顶端摩擦下比较容易上锡，导线直接焊接到顶部即可，请勿乱晃动焊点以免弄断）；40mm 两根导线接插头座：AC1、AU2 焊接到插头座导电芯片上（无正负极区分）；两根 300mm 导线连接电路主板和灯头板的 L+、L-（最后连接此处导线，先把金属软管装到灯头盒台灯上，把长导线穿过后焊接）。

⑥ 此时打开开关 LED 全亮后方可把灯头全部安装完毕，用螺钉固定，最好不要重复拆装，外壳全部安装完毕才能通电测试充电。充电台灯测试成功后，充电 6h 左右后停止充电。

3. 测量调试

测试过程：在组装好后先不要急着插市电实验，防止安装错误导致烧毁台灯！

接市电 220V 时一定要小心，以免触电，必须先检查 LED 灯能否全部发光，如果发光说明照明电路没问题了。

待外壳安装完毕方可接 220V 测试充电是否正常。充电指示灯亮说明充电部分没问题，如果不亮，检查指示灯的正负极是否装反，有无虚焊等。

五、结果分析（见表 2-35）

表 2-35　结果分析表

项　目	具体描述	备　注
焊接过程中的注意事项		
通电后灯不亮是什么原因		
遇到的困难和问题		

评价反馈

表 2-36 考核评分表

任务名称	LED 充电台灯的电路分析与安装		姓名		学号		任务得分		
考核项目	考核内容	配分	评分标准				自评 30%	互评 30%	师评 40%	得分
知识技能 20 分	能仔细阅读资讯材料,画出重点内容	5	优 5	良 4	合格 3	不合格 0				
	能借助信息化资源进行信息收集,自主学习	5	优 5	良 4	合格 3	不合格 0				
	能正确完成引导问题,写出完整答案	5	优 5	良 4	合格 3	不合格 0				
	能与老师进行交流,提出关键问题,有效互动	5	优 5	良 4	合格 3	不合格 0				
实操技能 60 分	无错装漏装	10	优 10	良 8	合格 6	不合格 0				
	焊点大小合适、美观,无虚焊	10	优 10	良 8	合格 6	不合格 0				
	元器件无丢失损坏	10	优 10	良 8	合格 6	不合格 0				
	调试符合要求	10	优 10	良 8	合格 6	不合格 0				
	功能实现	15	优 15	良 12	合格 9	不合格 0				
	文明操作,工作台面清洁,工具摆放整齐,工作过程规范	5	优 5	良 4	合格 3	不合格 0				
态度情感 20 分	态度端正,做事细心认真	10	优 10	良 8	合格 6	不合格 0				
	安全操作,无损伤损坏元器件及设备	5	优 5	良 4	合格 3	不合格 0				
	有集体荣誉感和团队意识	5	优 5	良 4	合格 3	不合格 0				

任务总结

请简单总结任务的完成过程及一些心得体会。

项目三 电风扇电路的分析与测试

健康舒适生活，唤醒清新凉意

电风扇简称电扇，也称为风扇、扇风机，是一种利用单相交流电来使电动机旋转驱动扇叶转动使空气加速流通的电器，主要用于清凉解暑和流通空气。广泛用于家庭、教室，办公室、商店、医院和宾馆等场所。不同的场所和区域可以配备不同类型和不同规格的风扇、有落地扇、吊扇、台扇、壁扇等，如图3-1所示。炎炎夏日，电风扇不转了是最让人着急的，如何进行电风扇的电路的分析与测试，是本项目要完成的任务。

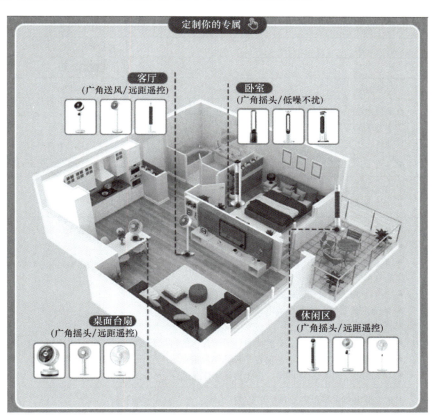

图3-1 不同类型和不同规格的电风扇配置示意图

本项目的目标是电风扇电路的分析和测试。在具体的实施过程：
1）掌握正弦交流电的基本特性；

2）能识别电阻、电感、电容元器件；

3）能用万用表或示波器对正弦交流电路进行电压、电流、功率和波形测量；

4）能分析正弦交流电路，提高功率因数；

5）培养安全意识和严谨、规范的工作作风，有耐心和毅力分析解决工作过程中遇到的问题。

学完本项目内容后，学生可对单相交流电路进行分析和测试，养成严谨细致、节约能源的良好习惯。

任务一　电风扇电路认知

任务工单

表 3-1　任务工单

任务信息	任务名称	电风扇电路认知		姓　　名	
	班　　级			学　　号	
客户信息	姓　　名			使用年限	
	产品型号			任务日期	
客户需求	直流供电□　　　　　单相交流供电□　　　　定时功能□ 功率 30~50W□　　　3 档调速□　　　　　　能摇头□ 其他： 　✎ _____				
任务内容	• 电风扇电路组成和工作原理 • 正弦交流信号的产生与测量				
任务目标	知识目标 • 掌握正弦交流电要素与参数 • 掌握数字示波器的使用方法 技能目标 • 能用万用表测量交流电路的电压和电流 • 能用示波器测量正弦交流电的波形和电路参数 素养目标 • 安全规范、严谨细致、节约能源，勇于探索的科学态度 • 自主学习，主动完成任务内容，提炼学习重点 • 团结合作，主动帮助同学、善于协调工作关系				
任务重点	正弦交流电要素与参数及其相互关系				
任务难点	交流电的有效值				
思政引导	爱国情怀、科技强国、民族自信				
任务考核	学生自评 30%＋学生互评 30%＋教师评价 40%＝总评成绩				

知识储备

【资讯】

一、电风扇电路组成和工作原理

- 扫描二维码，观看电风扇的工作原理微课。

电风扇的工作原理

【引导问题】

问题 [3-1]　根据观看的视频，请补全方框中的内容。

1. 电风扇电路组成

如图3-2所示，电风扇电路一共可以分为三大部分，最左边的220V交流电源电路，中间的摇摆电路，最右边的风机电路。

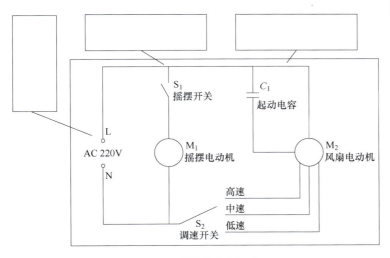

图 3-2　电风扇电路组成

2. 电风扇电路工作原理

电风扇电机是单相交流电动机，它的内部有两个绕组，一个叫运行绕组（主绕组），另一个为起动绕组（副绕组）。起动电路由分相电容组成，使主副绕组在空间上相隔90°电角度。调速电路（见图3-3）由定时器、调速开关、电容器、电动机、指示灯等组成，通过调电抗大小，来改变电动机的电压

83

实现调速。定时器和调速开关串接在电路中，只有当两者同时接通时，电风扇才能起动。

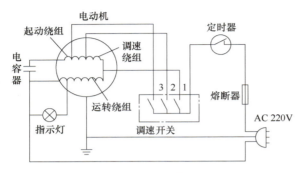

图 3-3　调速电路

二、正弦交流电的产生与测量

1. 正弦交流电的产生

- 扫描二维码，观看正弦交流电的产生微课。
- 思政聚焦——中国标准的特高压技术。

正弦交流电的产生　　思政聚焦-中国标准的特高压技术

（1）正弦交流电的定义

电压或电流的大小和方向均随时间变化时，称为交流电，最常见的交流电是随时间按 _____ 变化的正弦电压和正弦电流。表达式为

$$u = U_m \sin(\omega t + \psi_u) \qquad i = I_m \sin(\omega t + \psi_i)$$

式中　u——代表交流电压的瞬时值；

　　　U_m——代表交流电压的最大值；

　　　ω——代表交流电压角频率；

　　　ψ_u——代表交流电压的初始相位。

（2）正弦交流电的三要素

正弦交流电的三要素：幅值、角频率和初相位。

1）正弦交流电的周期、频率和角频率。

周期 T（秒，s）：正弦量完整变化一周所需要的时间。

频率 f（赫兹，Hz）：正弦量在单位时间内变化的周数。

问题［3-2］　根据观看的视频，请补全方框中的内容。

问题［3-3］　I_m 代表什么？ω 代表什么？ψ_i 代表什么？i 代表什么？

_____

_____

_____

_____

角频率ω（弧度/秒，rad/s）：正弦量单位时间内变化的弧度数。

> 问题［3-4］ 在方框内写出角频率与周期及频率的关系。

2）正弦量的瞬时值、最大值和有效值。

瞬时值：正弦量对应第一时刻的数值，通常用解析式表示，例如：
$$u = 311\sin(\omega t + 45°)$$
$$i = 7.07\sin(\omega t - 60°)$$

最大值：正弦量在一个周期内振荡的正向最高点。

有效值：指与交流电热效应相同的直流电数值。

图 3-4　有效值

图 3-4 中电流 i 在 t 时间内在 R 上产生的热量为 Q，电流 I 通过 R 在 t 时间内也产生 Q 热量，我们就把与交流电热效应相同的直流电流 I 的数值称为 i 的有效值。有效值可以确切地反映交流电的作功能力。

最大值和有效值之间的关系如下：
$$I = \frac{I_m}{\sqrt{2}} \approx 0.707 I_m$$
$$I_m = \sqrt{2} I \approx 1.414 I$$

3）正弦交流电的相位和初相。

相位：正弦量解析式中随时间变化的电角度（$\omega t + \psi$）称为相位，相位是时间的函数，反映了正弦量随时间变化的整个进程。

初相：$t = 0$ 时的相角 ψ，初相确定了正弦量计时开始位置。

相位差：两个同频率正弦量之间相位的差值。

> 问题［3-5］ 相位差实际上是哪两个参量之差？

【例 3-1】 $u = U_m \sin(\omega t + \psi_u)$，$i = I_m \sin(\omega t + \psi_i)$
　　　　　　　相位　　　　初相

u 和 i 的相位差为　$\varphi = (\omega t + \psi_u) - (\omega t + \psi_i)$
$$= \omega t + \psi_u - \omega t - \psi_i$$
$$= \psi_u - \psi_i$$

⚠ 注意：初相角一般不用大于 180° 的角表示，若大于 180° 的角，可用负角表示。

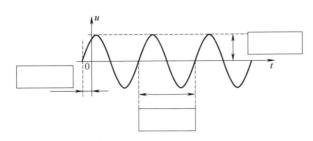

图 3-5 正弦交流电压波形

问题 [3-6] 在图 3-5 所示方框内写出正弦交流电波形对应的参量。

问题 [3-7] 如何判断两个正弦波的超前和滞后？

_____
_____
_____
_____
_____

4）超前和滞后（见图 3-6）。

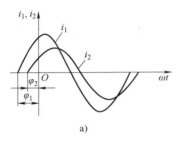

a)

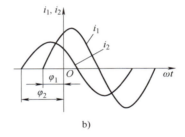

b)

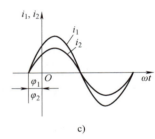

c)

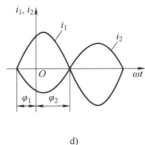

d)

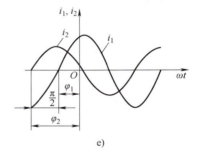

e)

图 3-6 相角的超前和滞后

2. 正弦交流电的参数测量

- 扫描二维码，观看示波器的使用微课。

示波器的使用

问题 [3-8] 请填空

正弦交流电的三要素是_____，_____，_____。

已知一正弦交流电 $u = 311\sin(314t + 60°)$ V，则其最大值为_____，有效值为_____，频率为_____，周期为_____，初相为_____。

（1）数字示波器操作面板

UT2000/3000 系列数字存储示波器（见图 3-7）向用户提供简单而功能明晰的前面板，以进行所有的基本操作。

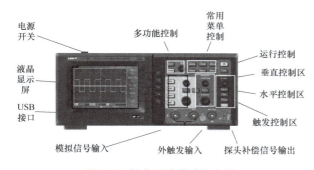

图 3-7　数字示波器功能分区　　　　图 3-8　数字示波器按钮功能

（2）数字示波器显示面板

数字示波器左侧有个显示屏，用来显示被测波形，显示面板说明如图 3-9 所示。

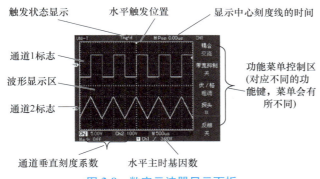

图 3-9　数字示波器显示面板

问题［3-9］　根据数字示波器的使用手册，填写图 3-8 中标号相应按钮功能。

① _____
② _____
③ _____
④ _____
⑤ _____
⑥ _____
⑦ _____

问题［3-10］　写出示波器测量波形的操作步骤。

_____
_____
_____
_____
_____

（3）示波器探头

被测信号接入示波器，需要使用专门的示波器探头（见图 3-10），在数字存储示波器上需要设置探头衰减系数。此衰减系数改变仪器的垂直档位倍率，从而使得测量结果正确反映被测信号的幅值。

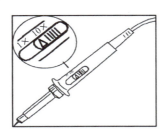

图 3-10　示波器探头

电工电子技术项目实践

任务实施

一、任务准备

从表 3-2 中选出任务过程中所需要的图样和设备，并查阅资料在图标下面注明参数。

表 3-2　设备工具清单

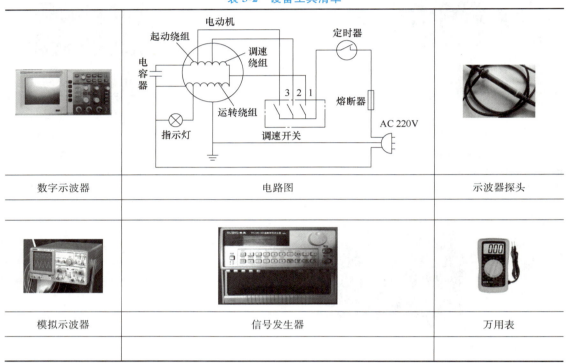

数字示波器	电路图	示波器探头
模拟示波器	信号发生器	万用表

二、防护措施（见表 3-3）

表 3-3　防护措施

防护项目	具体内容	备　注
个人安全防护	1. 工作人员尽量不佩戴影响操作的手表、首饰和其他配饰 2. 工作人员规范使用各种仪器仪表，一切按照既定流程操作	
设备安全防护	1. 各仪器仪表是否在合格使用期内，并检测仪器仪表是否正常工作 2. 示波器先预热 3. 设备外壳要良好接地	
场地安全防护	1. 场地安全标识到位 2. 现场灭火设施完善 3. 现场不相关设备，特别是影响作业设备清场	

三、任务分配（见表3-4）

表3-4　任务分配表

职　务	代　码	姓　名	工作内容
组长	A		
组员	B		
	C		
	D		

四、任务步骤

（一）示波器校准（见表3-5）

表3-5　示波器校准步骤

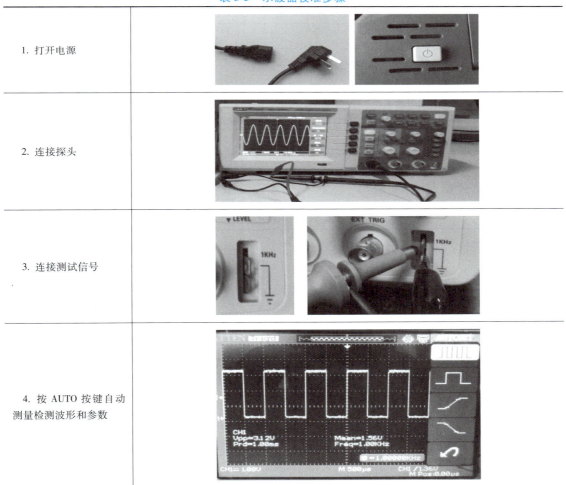

1. 打开电源	
2. 连接探头	
3. 连接测试信号	
4. 按AUTO按键自动测量检测波形和参数	

（二）测量正弦交流电信号波形

测量任务：测量频率为 2kHz、幅值为 5V 的正弦交流电，并测量信号频率和峰-峰值，填入表 3-6 中。

表 3-6 波形测量操作步骤

操作步骤	相关参数	波　形
1. 将探头菜单衰减系数设定为 10×，并将探头上的开关设定为 10×		
2. 将 CH1 的探头连接到电路被测点		
3. 按下 AUTO 按钮		
4. 进一步调节垂直、水平档位，直至波形的显示符合要求		
5. 按 MEASURE 按键，以显示自动测量菜单		
6. 按下 F1，进入测量菜单种类选择		
7. 按下 F3，选择电压类		
8. 按下 F5 翻至 2/4 页，再按下 F3，选择测量类型：峰-峰值		
9. 按下 F2，进入测量菜单种类选择，再按下 F4 选择时间类		
10. 按下 F2 即可选择测量类型：频率		

五、结果分析（见表 3-7）

表 3-7 结果分析表

项　　目	内　　容	备　注
被测信号参数	频率：　　　　　峰-峰值： 有效值：　　　　周期：	公式：
被测信号波形		
遇到的问题和解决方法		

项目三 电风扇电路的分析与测试

评价反馈

表 3-8 考核评分表

任务名称	电风扇电路认知	姓名		学号		任务得分			
考核项目	考核内容	配分	评分标准				自评 30%	互评 30%	师评 40%	得分
知识技能 30 分	能仔细阅读资讯材料，画出重点内容	5	优 5	良 4	合格 3	不合格 0				
	能借助信息化资源进行信息收集，自主学习	10	优 10	良 8	合格 6	不合格 0				
	能正确完成引导问题，写出完整答案	10	优 10	良 8	合格 6	不合格 0				
	能与老师进行交流，提出关键问题，有效互动	5	优 5	良 4	合格 3	不合格 0				
实操技能 50 分	能正确连接测量探头与测试点	5	每处错误扣 1 分							
	能正确操作示波器	5	每处错误扣 1 分							
	能正确读取测量数据	10	每处错误扣 2 分							
	操作标准、规范	5	每处错误扣 1 分							
	波形测试	15	测试波形参数不对扣 3 分，无波形扣 6 分							
	文明操作，工作台面清洁，工具摆放整齐，工作过程规范	5	违反有关规定，酌扣 2~4 分							
	时间定额，30min 按时完成	5	超时酌扣 3~5 分							
态度情感 20 分	态度端正，认真参与，有集体荣誉感和团队意识	5	优 5	良 4	合格 3	不合格 0				
	安全操作，无损伤损坏元件及设备	10	优 10	良 8	合格 6	不合格 0				
	执行 8S 管理标准	5	优 5	良 4	合格 3	不合格 0				

任务总结

请简单总结任务的完成过程及一些心得体会。

任务二　电风扇电路分析与检测

 任务工单

表 3-9　任务工单

任务信息	任务名称	电风扇电路分析与检测	姓　　名	
	班　　级		学　　号	
客户信息	姓　　名		使用年限	
	产品型号		任务日期	
客户需求	直流供电□　　　单相交流供电□　　　定时功能□ 功率 30~50W□　　3 档调速□　　　能摇头□ 其他：_____			
任务内容	• 电感、电容元件的识别与检测 • 电阻、电感、电容在交流电路中的特性			
任务目标	知识目标 • 掌握电感、电容的识别与检测方法 • 掌握电阻、电感、电容在交流电路中的特性 技能目标 • 能识别和检测电感、电容 • 能根据电阻、电感、电容特性分析正弦交流电路 素养目标 • 安全规范、严谨细致、节约能源、勇于探索的科学态度 • 自主学习，主动完成任务内容，提炼学习重点 • 团结合作，主动帮助同学、善于协调工作关系			
任务重点	正弦交流电中电阻、电感、电容的特性			
任务难点	正弦交流电路的分析			
思政引导	爱读书的习惯、善于观察、勇于创造			
任务考核	学生自评 30%+学生互评 30%+教师评价 40%＝总评成绩			

知识储备

【资讯】

一、电风扇电路中的元件

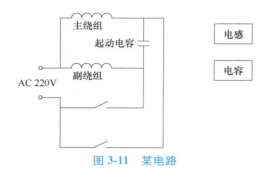

图 3-11　某电路

二、电感元件的识别与检测

- 扫描二维码，观看电感元件的识别与检测微课。
- 思政聚焦——物理学家亨利的故事。

电感元件的识别与检测

思政聚焦-物理学家亨利的故事

1. 电感元件的识别

目前市场上有各种各样的电感，常见的电感如图 3-12 所示。

图 3-12　常见电感

【引导问题】

问题 [3-11]　请找出图 3-11 中电路中的电感和电容，并用直线连接。

问题 [3-12]　电感有没有正负极之分？
_____
_____
_____
_____

（1）电感的分类

通过观看视频，写出图 3-13 中 a~f 中电感的类型。

问题 [3-13] 在图 3-13 所示的方框内写出电感的类型：环形电感、工字形电感、磁珠、色环电感、固定式电感、可调电感。

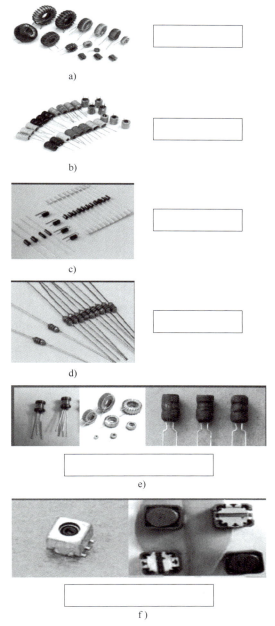

图 3-13　不同类型的电感

（2）电感的识别

1）直标法。

如图 3-14 所示，电感的标称电感量用数字和文字符号直接标在外壳上，用字母表示误差。如 560μHK：表示电感量为 560μH、误差为 ±10%。

图 3-14 直标法标记的电感

问题 [3-14] 在图 3-14 所示方框内写出电感量。

2) 文字符号法。

用字母和数字按一定规律组合标注电感的标称值, 通常将电感值的整数部分写在电感单位标志的前面, 小数部分放在电感单位符号标志的后面, 用字母表示电感的误差。单位 μH 或 nH。

例如: 4N7 表示 4.7nH (4.7 纳亨)

4R7 表示 4.7μH (4.7 微亨)

47N 表示 47nH (47 纳亨)

3) 数码法。

用三位数码表示电感量的标称值, 一、二位为有效数, 第三位为倍率, 即零的个数, 单位为 μH, 用字母表示误差, 见表 3-10。

表 3-10 误差对照表

±1%	±2%	±5%	±10%	±20%	±30%
F	G	J	K	M	N

【例 3-2】 电感上标记 102J 表示电感值为 1000μH, 允许的误差 J 为 ±5%。

图 3-15 数码标记的电感

问题 [3-15] 在图 3-15 所示的方框内写出电感量和误差。

4) 色环法。

与电阻的色环法类似。用三环或四环表示 (具体标题说明见表 3-11)。色环电感通常短而粗。

表 3-11 电感的色环法标记

颜色	第一位有效数	第一位有效数	倍数	误差
黑色	0	0	10^0	±20%
棕色	1	1	10^1	±1%
红色	2	2	10^2	±2%
橙色	3	3	10^3	±3%
黄色	4	4	10^4	±4%
绿色	5	5	10^5	

（续）

颜色	第一位有效数	第一位有效数	倍数	误差
蓝色	6	6	10^6	
紫色	7	7	10^7	
灰色	8	8	10^8	
白色	9	9	10^9	
金色	—	—	0.1	±5%
银色	—	—	0.01	±10%

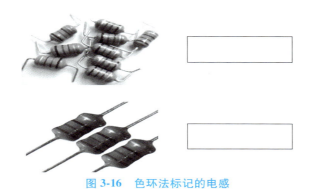

图 3-16　色环法标记的电感

问题 [3-16]　在图 3-16 所示方框内写出电感量和误差。

2. 电感检测

用万用表检测电感的电阻值的方法见表 3-12。

表 3-12　用万用表检测电感

电感电阻值为零	短路性故障	对小线圈则正常，对变压器有几十欧
电感器电阻值为无穷大	断路性故障	—

三、电容元件的识别与检测

- 扫描二维码，观看电容元件的识别与检测微课。

电容元件的识别与检测

目前市场上有各种各样的电容器（简称电容），常见的电容器如图 3-17 所示。

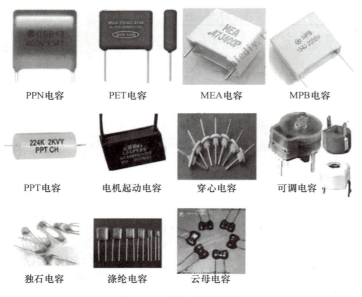

图 3-17 常见的电容器

1. 电容器的分类

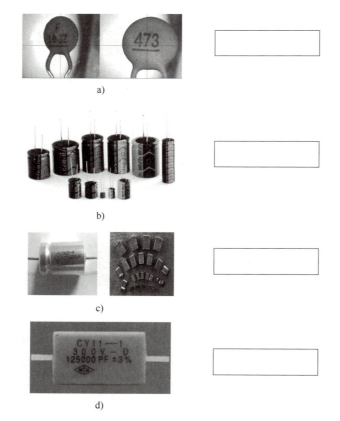

图 3-18 不同类型的电容器

问题[3-17] 通过微课的学习，在图 3-18 所示方框内写出电容器的类型：瓷片电容、电解电容、钽电容、云母电容、可调电容。

e)

图 3-18 不同类型的电容器（续）

2. 电容的识别

（1）直标法

电容的标称电容值用数字和文字符号直接标在外壳上，并标记额定电压。

图 3-19 直标法的电解电容

（2）文字符号法

将容量的整数部分写在容量单位标志的前面，小数部分放在容量符号标志的后面。单位为 μF 或 pF。例如：2μ2 表示 2.2nF（2.2 纳法）；

P33 表示 0.33pF（0.33 皮法）。

（3）数码法

用三位数码表示电容量的标称值，一、二位为有效数，第三位为倍率，即零的个数，数码法表示电容量时，单位一律是 pF。

【例 3-3】 102 表示 1000pF（$10×10^2$ pF）。

图 3-20 数码法标记的电容

（4）色环法

原则上与电阻器色标法相同，其单位为 pF。小型电解电容器的工作电压可以用正极根部色点来表示。

问题 [3-18] 电解电容有没有正负极之分？如何识别正负极？

问题 [3-19] 在图 3-19 所示的方框内写出电容值。

问题 [3-20] 在图 3-20 所示方框内写出电容值。

3. 电容检测

用数字万用表检测电容器充放电现象：

将数字万用表拨至适当的电阻档档位，万用表表笔分别接在被测电容 C 的两引脚上，这时屏幕显示值从"000"开始逐渐增加，直至屏幕显示"1"。然后将两表笔交换后再测，显示屏上瞬间显示出数据后立刻变为"1"，此时为电容器放电后再反向充电，证明电容器充放电正常。

⚠ **注意**：电容在选用的时候一定要选择额定电压高于电路实际电压的电容。

问题［3-21］ 请查阅相关资料了解电容的额定电压如何判断？

四、单一参数的正弦交流电路

1. 电阻元件的正弦交流电路

- 扫描二维码，观看电阻正弦交流电路特性微课。

电阻正弦交流电路特性

（1）电阻元件上的电压和电流的关系

根据欧姆定律，图 3-21 电路中电阻的电压和电流关系式为

$$i = \frac{u}{R}$$

若通入电路的电压为正弦交流电 u

$$u = \sqrt{2}U\sin\omega t$$

则

$$i = \frac{u}{R} = \frac{\sqrt{2}U}{R}\sin\omega t = I_m\sin\omega t$$

图 3-21 电阻电路

由电压和电流公式可得到电压和电流波形图如图 3-22 所示。

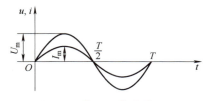

图 3-22 电压、电流波形图

问题［3-22］ 电阻元件上电压和电流的相位上存在什么关系？

（2）瞬时功率 p（见图 3-23）
$$p = u \cdot i = U_m \sin\omega t \cdot I_m \sin\omega t$$
$$= UI - UI\cos2\omega t$$

结论：1. p 随时间变化；2. $p \geqslant 0$，为耗能元件。

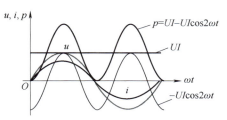

图 3-23　瞬时功率 p 波形图

（3）平均功率（有功功率）P（一个周期内的平均值）
由
$$p = u \cdot i = U_m \sin\omega t \cdot I_m \sin\omega t$$
$$= UI - UI\cos2\omega t$$
得
$$P = UI$$

平均功率代表了电路实际消耗的功率，因此也称之为有功功率。

2. 电感元件的正弦交流电路

● 扫描二维码，观看电感正弦交流电路特性微课。

电感正弦交流电路特性

（1）电感元件上的电压和电流的关系

根据电磁感应原理，当电感元件上通过电流 i 时，则电感元件的电感 L 为
$$L = \frac{N\Phi}{i}$$

其中，L 称为自感系数或电感。线圈匝数越多，电感越大；线圈中单位电流产生的磁通越大，电感也越大。

在图 3-24 中，u、i、e_L 假定参考方向的前提下，当通过线圈的磁通或 i 发生变化时，线圈中产生的感应电动势为
$$e_L = -N\frac{d\Phi}{dt} = -L\frac{di}{dt}$$

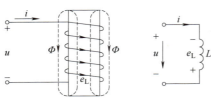

图 3-24　电感元件的电压和电流的关系

电感两端的电压为

$$u_L = -e_L = L\frac{di}{dt}$$

由于 L 上 u 和 i 为动态关系，因此 L 是动态元件。

设通过 L 中的电流为

$$i = \sqrt{2}I\sin\omega t$$

则

$$u_L = L\frac{di}{dt} = L\frac{d(I_m\sin\omega t)}{dt}$$
$$= I_m\omega L\cos\omega t = U_{Lm}\sin(\omega t + 90°)$$
$$U_{Lm} = I_m\omega L = I_m X_L$$

式中，X_L 是电感电抗，简称感抗，单位是 Ω。

⚠ **注意**：虽然感抗和电阻类似，等于元件上电压与电流的比值，但它与电阻有所不同，电阻反映了元件上耗能的电特性，而感抗则是表征了电感元件对正弦交流电流的阻碍作用，这种阻碍作用不消耗电能，只能推迟正弦交流电流通过电感元件的时间。

★ 直流下频率 $f = 0$，所以 $X_L = 0$。L 相当于短路。

（2）电感元件的功率

1）瞬时功率 p。

设通过电感电路的电流为

$$i = I_m\sin\omega t$$

则

$$u_L = U_{Lm}\cos\omega t$$

那么功率为

$$p = u_L \cdot i = U_{Lm}\cos\omega t \cdot I_m\sin\omega t$$
$$= U_L I\sin2\omega t$$

根据功率的公式可以得到电感的瞬时功率波形图（见图 3-25）。

2）有功功率 $P = 0$，电感元件不耗能！

★ 电感元件上只有能量交换而不耗能，为储能元件。

问题［3-23］　推出电感 L 上电压与电流之间在相位上存在_____的正交关系，且电压_____电流。

问题［3-24］　$X_L = $ _____

问题［3-25］　电源电压不变，当电路的频率变化时，通过电感元件的电流发生变化吗？
_____
_____

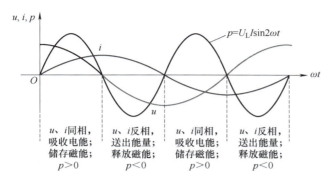

图 3-25 电感的瞬时电压、电流和功率波形图

3) 无功功率 Q_L（单位为 var）。

$$Q_L = U_L I = I^2 X_L = \frac{U^2}{X_L}$$

无功功率可衡量电源与元件之间能量交换的规模。无功功率的概念可理解为只交换不消耗。

电感元件具有通 ☐ 频，阻 ☐ 频的特性。

3. 电容元件的正弦交流电路

- 扫描二维码，观看电容正弦交流电路特性微课。

电容正弦交流电路特性

（1）电容元件上的电压和电流之间的关系

电容元件是一种能聚集电荷，贮存电能的二端元件（见图 3-26），当它两个极板间电压为零时，电荷也为零。电容元件的储能本领可用电容量 C 表示。

$$C = \frac{q}{u} \text{ 或 } q = Cu$$

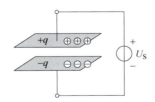

图 3-26 电路元件的电压、电流关系

问题 [3-26] 能从字面上把无功功率理解为无用的功率吗？

_____

问题 [3-27] 请根据电感特性填左侧方框内容。

其中，电荷量 q 的单位是 ☐

电压 u 的单位是 ☐

电容量 C 的单位是 ☐

单位换算：$1\text{F} = 10^6 \mu\text{F} = 10^{12} \text{pF}$

当给电容电路（见图 3-27）的两端通上电压 u 时，则流过电容的电流为

$$i_C = \frac{\mathrm{d}q}{\mathrm{d}t} = C\frac{\mathrm{d}u}{\mathrm{d}t}$$

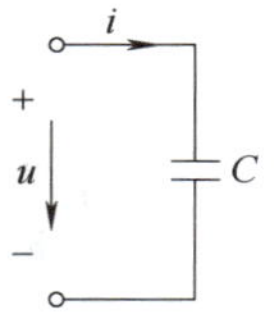

图 3-27 电容电路

$$u = \sqrt{2}U\sin\omega t$$

$$i_C = C\frac{\mathrm{d}u}{\mathrm{d}t} = C\frac{\mathrm{d}(U_m\sin\omega t)}{\mathrm{d}t}$$

$$= U_m\omega C\cos\omega t$$

$$= I_{Cm}\sin(\omega t + 90°)$$

$$I_{Cm} = U_m\omega C = U_m/X_C$$

X_C 是电容电抗，简称容抗，单位是欧姆（Ω）。容抗反映了电容元件对正弦交流电流的阻碍作用。只有在一定频率下，电容元件的容抗才是常数。

★ X_C 与频率成反比；与电容量 C 成反比，因此频率越高电路中容抗越小，这被称作电容元件的通交（流）作用，高频电路中电容元件相当于接近短路。

（2）电容元件的功率

1）瞬时功率 p。

设加在电容两端的电压为

$$u = U_m\sin\omega t$$

则

$$i_C = I_{Cm}\cos\omega t$$

那么功率为

$$p = u \cdot i_C = U_m\sin\omega t \cdot I_{Cm}\cos\omega t$$
$$= UI_C\sin 2\omega t$$

问题 [3-28] 在方框内填上单位名称。

问题 [3-29] 推导出电容 C 上电压与电流之间在相位上存在_____的正交关系，且电压_____电流。

问题 [3-30] $X_C =$ _____

问题 [3-31] 直流下频率 $f = 0$，所以 $X_C =$ _____。我们说电容元件相当于_____。

根据功率的公式可以得到电容的瞬时功率波形图如图 3-28 所示。

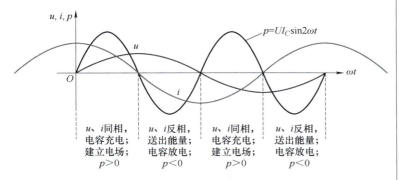

图 3-28　电容的瞬时电压、电流和功率波形图

2）有功功率 $P=0$，电感元件不耗能！

★ 电容元件上只有能量交换而不耗能，为储能元件。

3）无功功率 Q_C（单位为 var）。

$$Q_C = U_C I = I^2 X_C = U^2 \omega C$$

无功功率 Q_C 反映了电容元件与电源之间能量交换的规模。

电容元件具有通 ▢ 频阻 ▢ 频的特性。

问题［3-32］　电感元件和电容元件有什么异同？
_____
_____
_____

问题［3-33］　请根据电容特性填左侧方框内容。

任务实施

一、任务准备

从表 3-13 中选出任务过程中所需要的图样、元器件和设备，并查阅资料在图标下面注明参数。

表 3-13 设备工具清单

数字示波器	电路图	电阻	万用表
模拟示波器	信号发生器	电容	电感

二、防护措施（见表 3-14）

表 3-14 防护措施

防护项目	具体内容	备注
个人安全防护	1. 工作人员尽量不佩戴影响操作的手表、首饰和其他配饰 2. 工作人员规范使用各种仪器仪表，一切按照既定流程操作	
设备安全防护	1. 各仪器仪表是否在合格使用期内，并检测仪器仪表是否正常工作 2. 设备电源线和数据线都完好	检查仪器仪表名称：
场地安全防护	1. 场地安全标识到位 2. 现场灭火设施完善 3. 现场不相关设备，特别是影响作业设备应清场	

三、任务分配（见表 3-15）

表 3-15　任务分配表

职　务	代　码	姓　名	工作内容
组长	A		
组员	B		
组员	C		
组员	D		

四、任务步骤

1. 识别电子元器件中的电阻、电容和电感

将检测结果填入表 3-16 中，并检测（多处）各元器件的大小、参数和好坏。

表 3-16　电子元器件的识别

1. 将电阻、电容、电感分类	电容（　　）个；电阻（　　）个；电感（　　）个
2. 读出电阻值、电容值、电感值（包括单位，电容要读出额定电压）	电阻： 电容： 电感：
3. 用万用表检测元器件好坏	
4. 写出电容测量方法，以及电感、电容好坏判定的原则	

2. 测定 R、L、C 元件阻抗特性

电路图中的 r 是提供测量回路电流用的标准小电阻，由于 r 的阻值远小于被测元件的阻抗值，因此可以认为 A、B 之间的电压就是被测元件 R、L 或 C 两端的电压（其有效值为 U），流过被测元件的电流则可由 r 两端的电压除以 r 所得。

测量过程中将信号发生器输出的正弦信号接至根据电路图连接的电路作为激励源 u，并用万用表交流电压档测量，使激励电压的有效值为 $U=3\text{V}$，并保持不变。使信号源的输出频率从 200Hz 逐渐增至 5kHz（用频率计测量），并使开关 S 分别接通 R、L、C 三个元件，用万用表交流电压档测量 U_r 记录于表 3-17，并计算各频率点时的 I_R、I_L 和 I_C（即 U_r/r）以及 $X_L=U/I_L$ 及 $X_C=U/I_C$ 之值。

将检测结果填入表 3-17 中。

五、结果分析

在正弦交变信号作用下，R、L、C 电路元件在电路中的抗流作用与信号的频率有关，根据表 3-17 测量数据，绘制阻抗频率特性 X_L-f，X_C-f 曲线，并进行总结分析，将分析结果填入表 3-18 中。

表 3-17　R、L、C 元件阻抗特性的测量

1. 选择电路中元件	$R=1\text{k}\Omega$；$C=1\mu\text{F}$；L 约 1H，30Ω	测量结果
2. 按照电路将元件连接电路		
3. 连接信号源，调整信号源输出的正弦波信号峰-峰值为 3V，频率为 200Hz	用双踪示波器的 CH2 观看信号源波形，并绘制出信号源的波形	
4. 将信号源的信号接入电路的信号源端	用双踪示波器的 CH2 观看电路的输出波形，绘制出波形	测出输出电压 $U_r=$ 计算 $I_r=U_r/r=$
5. 将开关拨到电阻端，接通电阻		
6. 将示波器的探头接入 r 两端		
7. 将开关拨到电容端，接通电容	用双踪示波器的 CH2 观看电路的输出波形，绘制出波形	测出输出电压 $U_r=$ 计算 $I_r=U_r/r=$ 计算 $X_C=U/I_r=$
8. 将开关拨到电感端，接通电感	用双踪示波器的 CH2 观看电路的输出波形，绘制出波形	测出输出电压 $U_r=$ 计算 $I_r=U_r/r=$ 计算 $X_L=U/I_L=$
9. 调整信号源信号频率为 500Hz，重复 5~8 步骤	用双踪示波器的 CH2 观看电路的输出波形，绘制出波形。测出输出电压	测出输出电压 $U_r=$ 计算 $I_r=U_r/r=$ 计算 $X_L=U/I_L=$ 计算 $X_C=U/I_C=$
10. 调整信号源信号频率为 1000Hz，重复 5~8 步骤	用双踪示波器的 CH2 观看电路的输出波形，绘制出波形。测出输出电压	测出输出电压 $U_r=$ 计算 $I_r=U_r/r=$ 计算 $X_L=U/I_L=$ 计算 $X_C=U/I_C=$
11. 调整信号源信号频率为 1500Hz，重复 5~8 步骤	用双踪示波器的 CH2 观看电路的输出波形，绘制出波形。测出输出电压	测出输出电压 $U_r=$ 计算 $I_r=U_r/r=$ 计算 $X_L=U/I_L=$ 计算 $X_C=U/I_C=$
12. 调整信号源信号频率为 2000Hz，重复 5~8 步骤	用双踪示波器的 CH2 观看电路的输出波形，绘制出波形	测出输出电压 $U_r=$ 计算 $I_r=U_r/r=$ 计算 $X_L=U/I_L=$ 计算 $X_C=U/I_C=$

（续）

13. 调整信号源信号频率为 2500Hz，重复 5~8 步骤	用双踪示波器的 CH2 观看电路的输出波形，绘制出波形	测出输出电压 $U_r=$ 计算 $I_r=U_r/r=$ 计算 $X_L=U/I_L=$ 计算 $X_C=U/I_C=$
14. 调整信号源信号频率为 2500~5000Hz，重复 5~8 步骤	用双踪示波器的 CH2 观看电路的输出波形，绘制出波形	测出输出电压 $U_r=$ 计算 $I_r=U_r/r=$ 计算 $X_L=U/I_L=$ 计算 $X_C=U/I_C=$

表 3-18 结果分析表

项　目	内　容	备　注
绘制 L 元件阻抗特性曲线		
绘制 C 元件阻抗特性曲线		
遇到的问题和解决方法		
总结反思		

项目三 电风扇电路的分析与测试

评价反馈

表 3-19 考核评分表

任务名称	电风扇电路分析与检测		姓名		学号			任务得分	
考核项目	考核内容	配分	评分标准				自评30%	互评30%	师评40%	得分
知识技能 30 分	能仔细阅读资讯材料，画出重点内容	5	优 5	良 4	合格 3	不合格 0				
	能借助信息化资源进行信息收集，自主学习	10	优 10	良 8	合格 6	不合格 0				
	能正确完成引导问题，写出完整答案	10	优 10	良 8	合格 6	不合格 0				
	能与老师进行交流，提出关键问题，有效互动	5	优 5	良 4	合格 3	不合格 0				
实操技能 50 分	能正确连接电路	5	每处错误扣 1 分							
	能正确使用信号源和示波器	10	每处错误扣 1 分							
	能正确读取测量数据	5	每处错误扣 1 分							
	操作标准、规范	5	每处错误扣 1 分							
	波形测试和绘制	15	测试波形参数不对扣 3 分，无波形扣 6 分							
	文明操作，工作台面清洁，工具摆放整齐，工作过程规范	5	违反有关规定，酌扣 2~4 分							
	时间定额，30min 按时完成	5	超时酌扣 3~5 分							
态度情感 20 分	态度端正，认真参与，有集体荣誉感和团队意识	5	优 5	良 4	合格 3	不合格 0				
	安全操作，无损伤损坏元器件及设备	10	优 10	良 8	合格 6	不合格 0				
	执行 8S 管理标准	5	优 5	良 4	合格 3	不合格 0				

任务总结

请简单总结任务的完成过程及一些心得体会。

项目三　电风扇电路的分析与测试

任务三　电风扇电路的功率

任务工单

表 3-20　任务工单

任务信息	任务名称	电风扇电路的功率	姓　　名	
	班　　级		学　　号	
客户信息	姓　　名		使用年限	
	产品型号		任务日期	
客户需求	低噪声□　　　单相交流供电□　　　三个调速档位□ 60W□　　　　台式□　　　　　　立式□ 其他：			
任务内容	• 电风扇的有功功率、视在功率和耗电量 • 功率因数和功率因数提高方法			
任务目标	知识目标 • 掌握电感、电容单相交流电路的相量分析法 • 掌握单相交流电路中的功率计算 • 掌握功率因数和提高功率因数的方法 技能目标 • 能计算用电设备的用电量 • 能有效提高功率因数 素养目标 • 安全规范、严谨细致、节约能源，勇于探索的科学态度 • 自主学习，主动完成任务内容，提炼学习重点 • 团结合作，主动帮助同学、善于协调工作关系			
任务重点	正弦交流电功率和功率因数			
任务难点	正弦交流电路的相量分析			
思政引导	绿色低碳、节约能源			
任务考核	学生自评 30%+学生互评 30%+教师评价 40%=总评成绩			

知识储备

【资讯】

一、电风扇铭牌

图 3-29 所示为美的牌台式电风扇的铭牌，请同学们写出：电风扇的额定电流为（　　　　）；额定电压为（　　　　）；

113

输入总功率为（　　　　）；额定频率为（　　　　　）。

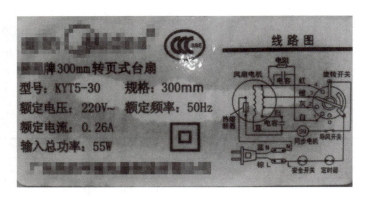

图 3-29　电风扇铭牌

【引导问题】

问题［3-34］　请同学们思考标牌上的输入功率和计算的功率是否相同，如果不同是为什么呢？

输入功率：电风扇的输入功率是电风扇可持续工作的最大输入功率，即在额定输入电压的前提下，实际所要消耗的电能量（有功功率）。

二、正弦交流电路中的功率

在实际应用中，R、L、C 正弦交流电路（见图 3-30）最为常见。

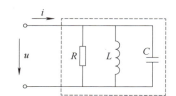

图 3-30　R、L、C 并联正弦交流电路

在图 3-30 电路中，若输入电压和电流为

$$u = U_m \sin(\omega t + \psi_u)$$
$$i = I_m \sin(\omega t + \psi_i)$$

那么电路的功率为

1. 瞬时功率

$$\begin{aligned}
p &= ui = \sqrt{2}\,U\sin(\omega t+\psi_u) \times \sqrt{2}\,I\sin(\omega t+\psi_i) \\
&= UI\cos(\psi_u-\psi_i) - UI\cos(2\omega t+\psi_u+\psi_i) \\
&= UI\cos\varphi - UI\cos(2\omega t+2\psi_u-\varphi) \\
&= UI\cos\varphi - UI\cos\varphi\cos(2\omega t+2\psi_u) - UI\sin\varphi\sin(2\omega t+2\psi_u) \\
&= UI\cos\varphi\{1-\cos[2(\omega t+\psi_u)]\} - UI\sin\varphi\sin[2(\omega t+\psi_u)]
\end{aligned}$$

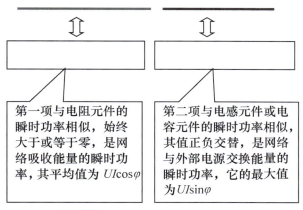

| 第一项与电阻元件的瞬时功率相似，始终大于或等于零，是网络吸收能量的瞬时功率，其平均值为 $UI\cos\varphi$ | 第二项与电感元件或电容元件的瞬时功率相似，其值正负交替，是网络与外部电源交换能量的瞬时功率，它的最大值为 $UI\sin\varphi$ |

问题［3-35］ 在左侧方框内写出纯电阻元件电路的功率和纯电感或电容元件电路的瞬时功率。

2. 平均功率

平均功率也就是有功功率，数值上等于瞬时功率在一个周期内的平均值，用 P 表示，即

$$P = \frac{1}{T}\int_0^T p\,dt = UI\cos\varphi$$

3. 无功功率

无功功率反映了"只交换而不消耗"的电路现象，其中"无功"二字不能理解为"无用"，电感的无功功率用 Q_L 表示，恒为正值；电容的无功功率用 Q_C 表示，即 $Q = Q_L - Q_C = UI\sin\varphi$，$Q$ 的单位是乏（var）。

4. 视在功率

电力设备的容量一般由其额定电压和额定电流的乘积来决定，称为视在功率，用 S 表示，即

$$S = UI = \sqrt{P^2 + (Q_L - Q_C)^2} = \sqrt{P^2 + Q^2}$$

为了区别于有功功率和无功功率，视在功率的单位用"伏·安（V·A）"或"千伏安（kV·A）"。

由上式又可看出，视在功率 S 和有功功率 P、无功功率 Q 三者之间存在着相当勾股弦定理的数量关系，因此可以把这种数量关系用一个直角三角形来表示，如图 3-31 所示。

Q_L 和 Q_C 一正一负，说明两元件之间的无功功率具有相互补偿作用，即电感 L 建立磁场时电容 C 恰逢放电，电容 C 建立电场时电感 L 恰逢释放磁场能，L 和 C 之间的能量交换可以互补。

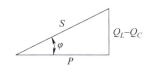

图 3-31　S、P、Q 数量关系图

★ 只有电阻元件上才消耗有功功率！

三、提高功率因数的意义和方法

- 思政聚焦——绿色低碳、节约能源。

思政聚焦-绿色低碳、节约能源

功率因数是电力技术经济中的一个重要指标。负载功率因数过低，电源设备的容量不能得到充分利用；另外在功率一定、电压一定的情况下，负载功率因数越低，则通过输电线路上的电流 $I=P/(U\cos\varphi)$ 越大，因此造成供电线路上的功率损耗增大。显然，提高功率因数对国民经济的发展具有非常重要的意义。

（一）功率因数的定义

功率因数定义为有功功率与视在功率的比值，用 λ 表示。

由 $P=UI\cos\varphi=S\cos\varphi$ 可得 $\lambda=\cos\varphi=\dfrac{P}{S}$

（二）提高功率因数的意义

1. 减少电能在输电线路中的损耗，提高输电效率

电能在传输中的损耗取决于输电线路中电流的大小，电路消耗的有功功率为

$$P=P_R=UI\cos\varphi$$

当 U、P 一定时，若 $\cos\varphi\downarrow\rightarrow I\uparrow$

由上式可知：提高功率因数，就能减少输电线路的损耗。

2. 可充分利用电源设备的功率容量

电源设备的功率容量是按照其额定电压和额定电流设计的，其中一部分作为有功功率供给用电设备消耗，另一部分作为无功功率与用电设备中的储能元件进行能量交换。

【例3-4】 一台容量为 20 万 kV·A 的发电机，若电路的功率因数 $\cos\varphi=1$，则发电机输出 200000kW 的有功功率；当电路的功率因数 $\cos\varphi=0.85$ 时，有 $P=UI\times 0.85=17$ 万 kW，有功功率就减少了 3 万 kW，电源的潜力没有得到充分发挥。可见提高功率因数，就可以提高电源设备的利用率。

表 3-21 为常见电路的功率因数。

问题 [3-36] 写出功率因数低的后果。

表 3-21　常见电路的功率因数

纯电阻电路	$\cos\varphi=1$（$\varphi=0$）
纯电感电路	$\cos\varphi=0$（$\varphi=\pm90°$）
R-L-C 串联电路	$0<\cos\varphi<1$（$-90°<\varphi=90°$）
电动机空载	$\cos\varphi=0.2\sim0.3$
电动机满载	$\cos\varphi=0.7\sim0.9$
荧光灯（R-L-C 串联电路）	$\cos\varphi=0.5\sim0.6$

（三）提高功率因数的方法

1. 减少感性设备的空载和轻载

2. 在感性设备两端并联适当的电容

日常生活中绝大部分负载为感性，所以提高功率因数最简便的方法是在感性负载两端并联电容，如图 3-32 所示。

【例 3-5】 一台功率为 1.1kW 的感应电动机，内部结构等效为图 3-32 的 R 和 L 串联，接在 220V、50Hz 的电路中，电动机需要的电流为 10A。

根据功率因数定义，可以得到在并联电容前功率因数为

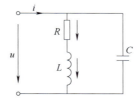

图 3-32　感性负载两端并联电容提高功率因数

$$\cos\varphi=\frac{P}{UI}=\frac{1.1\times1000}{220\times10}=0.5\quad\varphi=60°$$

若在电动机两端并联一个 79.5μF 的电容器后，电动机中的电流不变，则电路中的总电流变小了，根据公式可以得到，功率因数变大了。电路并联了电容 C 后，功率因数由原来的 0.5 增加到 0.845，电源利用率得到了提高。

? 功率因数补偿到什么程度？

理论上可以补偿成以下三种情况，如图 3-33 所示。

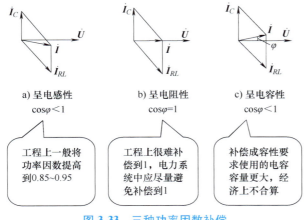

a) 呈电感性　$\cos\varphi<1$
工程上一般将功率因数提高到 0.85~0.95

b) 呈电阻性　$\cos\varphi=1$
工程上很难补偿到1，电力系统中应尽量避免补偿到1

c) 呈电容性　$\cos\varphi<1$
补偿成容性要求使用的电容容量更大，经济上不合算

图 3-33　三种功率因数补偿

任务实施

一、任务准备

任务描述：以荧光灯为例改善电路的功率因数。

荧光灯电路的工作原理如图 3-34 所示。

荧光灯电路由灯管、辉光启动器和镇流器组成。

荧光灯管（A）内壁涂有一层荧光物质，管的两端各有一个电极，管内抽成真空，充以氩气和少量的汞，辉光启动瞬间电压为 400~500V 左右，辉光启动后管压降只有 100V 左右，因此荧光灯不能直接接在 220V 电源上使用。

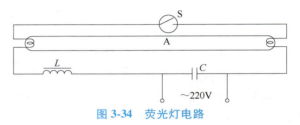

图 3-34　荧光灯电路

辉光启动器（S）相当于一个自动开关，它由一个充气二极管和一个电容组成，二极管中一个电极是双金属片，另一个为固定片，当有电压加在二极管两端时，两极间的气体导电，双金属片受热膨胀，两极接通，灯管中的灯丝通电加热，二极管两极接通，由于接触电阻很小，热损耗为零，故不发热，双金属片变冷，冷到一定程度后，双金属片恢复原来状态，两极分开，辉光启动器中的电容可以消除两极断开时产生的火花。

镇流器（L）是一个带铁心的线圈，在二极管电极断开瞬间，电路中电流突然变化到零，电感线圈要产生自感电动势，它与电路的电压叠加产生高压，使管内的气体加速电离，离子碰撞荧光物质，使灯管发光，这时，电源通过镇流器和灯管构成回路进入工作状态，荧光灯启动后，镇流器在电路中起到减压和限流作用。

设备准备：从表 3-22 中选出所需要的图样和设备，并查阅资料在图标下面注明参数。

表 3-22　设备工具清单

功率表	电路图	万用表
电流表	HE-16 实验箱	带自耦调压器的实验台

二、防护措施（见表 3-23）

表 3-23　防护措施

防护项目	具体内容	备　注
个人安全防护	1. 工作人员尽量不佩戴影响操作的手表、首饰和其他配饰 2. 工作人员规范使用各种仪器仪表，一切按照既定流程操作	
设备安全防护	1. 各仪器仪表是否在合格使用期内，并检测仪器仪表是否正常工作 2. 设备外壳要良好接地 3. 先连接电路，在老师检查没问题后再通电	检查仪器仪表名称：
场地安全防护	1. 场地安全标识到位 2. 现场灭火设施完善 3. 现场不相关设备，特别是影响作业设备清场	

三、任务分配（见表 3-24）

表 3-24　任务分配表

职　务	代　码	姓　名	工作内容
组长	A		
组员	B		
	C		
	D		

四、任务步骤

（一）荧光灯线路接线与测量（见表 3-25）

表 3-25　荧光灯线路接线与测量

| 1. 准备 HE-16 实验箱、连接导线若干
2. 按照电路图连接电路，经指导老师检查后接通电源 | 电路图（~220V，含 W、A、V 表，u_L、r,L、u_A、A、S） |||||||

	测量数值						计算值	
3. 调节自耦调压器的输出，使其输出电压缓慢增大，直到荧光灯刚启动点亮为止 4. 测量数值		P/W	$\cos\varphi$	I/A	U/V	U_L/V	U_A/V	r/Ω	$\cos\varphi$
	辉光启动值								
	正常工作值								

（二）并联电容-改善电路功率因数（见表3-26）

表3-26 改善电路功率因数

步骤	内容
1. 按电路图连接线路，经老师检查并同意后通电	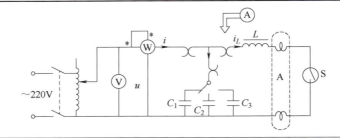
2. 接通实验台电源，将自耦调压器的输出调至220V，记录功率表和电压表的读数 3. 分别测得三条支路的电流，改变电容值，进行三次重复测量记录于表中	见下表
4. 注意事项	1）本实验用交流市电220V，务必注意用电和人身安全 2）功率表要正确接入电路，读数时要注意量程和实际读数的折算关系 3）线路接线正确，荧光灯不能辉光启动时，应检查辉光启动器及其接触是否良好

电容值	测量数值					计算值	
$C/\mu F$	P/W	$\cos\varphi$	U/V	I/A	I_L/A	I_C/A	I/A	$\cos\varphi$
0							
1							
2.2							
4.7							

五、结果分析（见表3-27）

表3-27 结果分析表

项目	内容	备注
改善电路功率因数的意义和方法		
改变功率因数所并联的电容器是否越大越好		
遇到的问题和解决方法		
总结反思		

评价反馈

表 3-28　考核评分表

任务名称	电风扇电路的功率		姓名		学号			任务得分		
考核项目	考核内容		配分	评分标准				自评30%	互评30%	师评40%	得分
知识技能30分	能仔细阅读资讯材料，完成任务中的问题		5	优 5	良 4	合格 3	不合格 0				
	能借助信息化资源进行信息收集，自主学习		10	优 10	良 8	合格 6	不合格 0				
	能正确完成引导问题，写出完整答案		10	优 10	良 8	合格 6	不合格 0				
	能与老师进行交流，提出关键问题，有效互动		5	优 5	良 4	合格 3	不合格 0				
实操技能50分	能正确连接电路		5	每处错误扣 1 分							
	能正确使用功率表		5	每处错误扣 1 分							
	能正确测量和读取数据		10	每处错误扣 1 分							
	操作标准、规范		5	每处错误扣 1 分							
	数据记录分析准确		15	缺少或错误一项数据扣 1 分							
	文明操作，工作台面清洁，工具摆放整齐，工作过程规范		5	违反有关规定，酌扣 2~4 分							
	时间定额，30min 按时完成		5	超时酌扣 3~5 分							
态度情感20分	态度端正，认真参与，有集体荣誉感和团队意识		5	优 5	良 4	合格 3	不合格 0				
	安全操作，无损伤损坏元器件及设备		10	优 10	良 8	合格 6	不合格 0				
	执行 8S 管理标准		5	优 5	良 4	合格 3	不合格 0				

任务总结

请简单总结任务的完成过程及一些心得体会。

项目四 手机充电器的设计与安装

读书、充电，赋能幸福生活

手机充电器又叫手机适配器，如图 4-1 所示，是由一个稳定电源（主要是稳压电源，提供稳定工作电压和足够的电流）加上必要的恒流、限压、限时等控制电路构成。充电器（指线充）上所标注的输出参数：比如输出 5.0V/1A、输出 5.0V/1500mA、11200mA·h……就是指内部稳压电源的相关参数。手机充电器是如何设计和安装的呢？试试从本项目中寻找答案。

 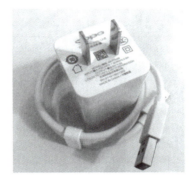

图 4-1　手机充电器

手机充电器大致可以分为旅行充电器、座式充电器等，最新推出了手机壳充电器。

手机充电器跟以往传统的线性电源方式不同，没有传统的工频变压器，内部是高频变压器。如今手机充电器基本上都是采用开关电源的方式设计，其主要优势在于开关电源可以做到体积很小、重量轻、携带方便。

本项目的目标是手机充电器的设计与安装。在具体的实施过程：

1）认识变压器，能够根据实际用途正确选择并合理使用变压器；

2）认识半导体和二极管，理解二极管的单向导电性及整流和稳压效果；

3）根据电路图，完成手机充电器的组装和焊接，并能做简单的调试；

4）分析手机充电器的电路图，掌握桥式电路的整流原理；

5）培养安全意识和严谨、规范的工作作风，有耐心和毅力分析解决工作过程中遇到的问题。

学完本项目内容，学生可正确选择手机充电器电路图并能够在安全用电的前提下完成组装和焊接，单元任务考核达到合格水平。通过变压器铭牌的辨识，引导学生感受祖国的发展，民族工业的兴起，培养学生的爱国情怀。

任务一　变压器的选择

表 4-1　任务工单

任务信息	任务名称	变压器的选择		姓　　名	
	班　　级			学　　号	
客户信息	姓　　名			使用年限	
	手机充电器型号			任务日期	
客户需求	手机充电器供电情况：直流供电□　　　　单相交流供电□ 其他： _____				
任务内容	● 根据客户需求了解手机充电器使用情况 ● 分析给定的手机充电器设计电路图，查找资料，选择合适的变压器				
任务目标	知识目标 ● 变压器的原理 ● 变压器的功能 技能目标 ● 能根据客户需求选择合适的变压器 ● 能读懂变压器的参数 素养目标 ● 增强民族自信心，树立科技强国的信念 ● 自主学习，主动完成任务内容，提炼学习重点				
任务重点	分析手机充电器的设计电路 从原理和实际设计出发选择合适的变压器				
任务难点	变压器的选择方法				
思政引导	民族自信心，科技强国				
任务考核	学生自评 30%+学生互评 30%+教师评价 40%＝总评成绩				

- 扫描二维码，观看变压器介绍微课。
- 思政聚焦——我国科学家十年磨一剑，国产变压器打破垄断。

变压器介绍

思政聚焦-我国科学家十年磨一剑，
国产变压器打破垄断

【资讯】

一、手机充电器

1. 手机充电器的作用

我国的民用额定电压为220V，是不能够直接给手机充电的。手机充电器的用处就是将220V的高压脉冲转换为5V的低压脉冲，再经过整流、稳压，变成5V稳定的直流电。也就是说，手机的充电器实现了将高压交流电变为低压直流电的功能。

2. 电源一般有两种设计方法

（1）传统线性电源设计方式

传统线性电源采用的是工频变压器，如图4-2所示，工作频率一般50/60Hz，比如常见的降压型变压器，将高压交流电转换为合适的低压交流。线性电源的变压器体积较大，而且笨重，转换效率低。

图4-2　工频变压器

线性电源的设计方式如图4-3所示。

```
工频变压  →  整流  →  滤波  →  稳压
器变压
```

图4-3　线性电源的设计方式

图4-4为使用传统线性电源的方式设计5V直流电源，工频变压器选择220V转6~8V，功率根据负载需求选择，然后经过桥式整流、滤波得到约1.2倍的交流电压，经过7805得到5V电压。

【引导问题】

问题[4-1]　手机充电器的输入电压一般是多少？输出电压一般是多少？

_____
_____
_____
_____
_____

问题[4-2]　变压器在手机充电器中的主要作用是什么？

_____
_____
_____
_____
_____

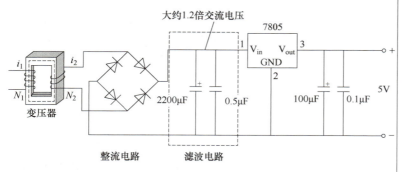

图 4-4　线性电源的设计电路图

（2）开关电源的基本设计方式（见图 4-5）

图 4-5　开关电源的设计方式

采用开关电源的设计方式，相同功率的高频变压器要比普通变压器小得多，因此，其设计体积小，重量也轻，而且转换效率高，高频变压器外形如图 4-6 所示。

图 4-7 所示为采用开关电源输出 5V 的电路图。

图 4-6　高频变压器

问题 [4-3]　线性电源和开关电源这两种设计方法有什么区别呢？

_____
_____
_____
_____
_____

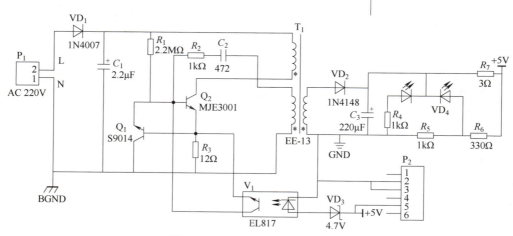

图 4-7　开关电源的设计电路图

图 4-8 所示为某款手机充电器拆卸图，其内部较小方形的为高频变压器。

图 4-8　某款手机充电器拆卸图

二、变压器的结构组成和工作原理

变压器（Transformer）是利用电磁感应的原理来改变交流电压的装置，如图 4-9 所示。主要功能有：电压变换、电流变换、阻抗变换、隔离、稳压（磁饱和变压器）等。

变压器是输配电的基础设备，广泛应用于工业、农业、交通、城市社区等领域。我国在网运行的变压器约 1700 万台，总容量约 110 亿 kVA。变压器损耗约占输配电电力损耗的 40%，具有较大节能潜力。为加快高效节能变压器推广应用，提升能源资源利用效率，推动绿色低碳和高质量发展，2021 年 1 月，工业和信息化部、市场监管总局、国家能源局联合制定了《变压器能效提升计划（2021—2023 年）》。

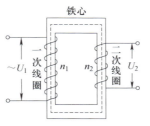

图 4-9　变压器结构原理图

某高频变压器的技术参数如图 4-10 所示。

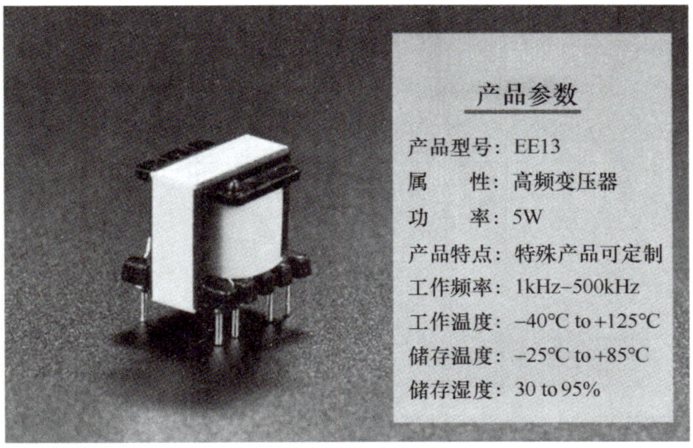

图 4-10　变压器参数

问题［4-4］　日常生活中都有哪些地方用到变压器？

问题［4-5］　如何选择合适的变压器？

 任务实施

一、任务准备

从表 4-2 选出任务过程中所需要的图样和设备，并查阅资料在图标下面注明参数。

表 4-2　设备工具清单

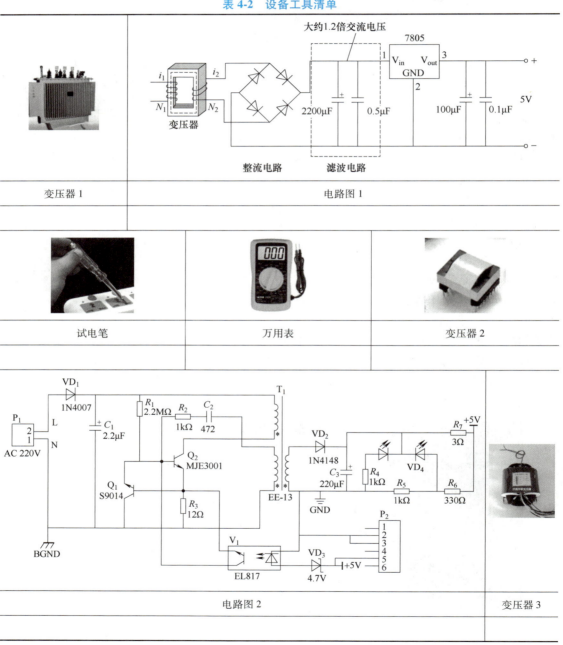

变压器 1	电路图 1
试电笔	万用表	变压器 2
电路图 2	变压器 3

二、防护措施（见表4-3）

表4-3　防护措施

防护项目	具体内容	备　注
个人安全防护	1. 工作人员尽量不佩戴影响操作的手表、首饰和其他配饰 2. 工作人员规范使用各种仪器仪表，一切按照既定流程操作	
设备安全防护	1. 各仪器仪表是否在合格使用期内，并检测仪器仪表是否正常工作 2. 手机充电插座设备是否完好	检查仪器仪表名称：
场地安全防护	1. 场地安全标识到位 2. 现场灭火设施完善 3. 现场不相关设备，特别是影响作业设备清场	

三、任务分配（见表4-4）

表4-4　任务分配表

职　务	代　码	姓　名	工作内容
组长	A		
组员	B		
	C		
	D		

四、任务步骤

根据客户需求，讨论选定手机充电器电路图，将结果填入表4-5中。

表4-5　讨论信息表

手机充电器电路图	结果	简述理由
<center>（手机充电器电路图）</center>		

(续)

手机充电器电路图	结果	简述理由
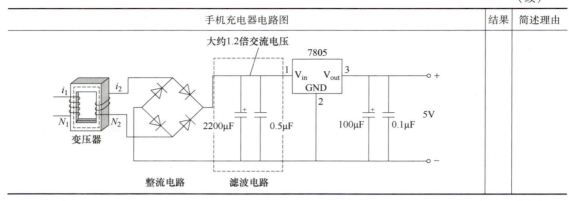		
分析选取的电路图，查阅资料，选择合适的变压器，填入表4-6中。		

表4-6 变压器参数表

变压器型号	相关参数	选择理由

根据客户需求及实际用电负荷核算手机充电器的输入和输出电压，填入表4-7中。

表4-7 手机充电器参数表

输入电压	
输出电压	
简单描述计算方法	

五、结果分析（见表4-8）

表4-8 结果分析表

项　目	内　容	备　注
电路图		
变压器型号		
安全防护		

评价反馈

表 4-9 考核评分表

任务名称	变压器的选择		姓名		学号		任务得分			
考核项目	考核内容	配分	评分标准				自评 30%	互评 30%	师评 40%	得分
知识技能 50分	能仔细阅读资讯材料,画出重点内容	15	优 15	良 12	合格 9	不合格 0				
	能借助信息化资源进行信息收集,自主学习	15	优 15	良 12	合格 9	不合格 0				
	能正确完成引导问题,写出完整答案	10	优 10	良 8	合格 6	不合格 0				
	能够简单描述变压器原理及功能	10	优 10	良 8	合格 6	不合格 0				
实操技能 30分	能正确选择手机充电器的变压器	10	优 10	良 8	合格 6	不合格 0				
	能够读懂变压器的铭牌参数	10	优 10	良 8	合格 6	不合格 0				
	能选择正确的手机充电器电路图	10	优 10	良 8	合格 6	不合格 0				
态度情感 20分	自主学习,主动完成任务	5	优 5	良 4	合格 3	不合格 0				
	具备科技强国的信念	10	优 10	良 8	合格 6	不合格 0				
	具有较强的民族自信心	5	优 5	良 4	合格 3	不合格 0				

任务总结

请简单总结任务的完成过程及一些心得体会。

项目四　手机充电器的设计与安装

任务二　二极管的检测和相关电路的分析

任务工单

表4-10　任务工单

任务信息	任务名称	二极管的检测和相关电路的分析	姓　　名	
	班　　级		学　　号	
客户信息	姓　　名		使用年限	
	手机充电器型号		任务日期	
客户需求	输入电压_____　输出电压_____ 其他： _____			
任务内容	• 使用万用表测量二极管的相关参数 • 检测二极管的性能，分辨二极管能否正常工作 • 分析整流和稳压电路			
任务目标	知识目标 • 二极管的单向导电性 • 整流电路原理 • 稳压电路原理 技能目标 • 能准确检测二极管的性能，分辨是否能正常工作 • 能够分析整流电路和稳压电路 素养目标 • 具有细节决定成败的科学精神 • 增强团队意识，学会合作			
任务重点	检测二极管的性能，理解二极管的单向导电性			
任务难点	分析整流电路和稳压电路			
思政引导	细节决定成败			
任务考核	学生自评30%＋学生互评30%＋教师评价40%＝总评成绩			

知识储备

- 扫描二维码，观看二极管的检测和相关电路的分析微课。
- 思政聚焦——马蹄钉的故事。

二极管的检测和相关电路的分析

思政聚焦-马蹄钉的故事

133

【资讯】

一、二极管

1. 二极管简介

二极管是用半导体材料（硅、硒、锗等）制成的一种电子器件。它具有单向导电性能，即给二极管加上正向电压时，二极管导通。当给二极管加上反向电压时，二极管截止。因此，二极管的导通和截止，相当于开关的导通与断开，因此它具有单向导电性。

常见的二极管外形如图 4-11 所示。

图 4-11 二极管外形

2. 常用二极管识别与检测

1）观察外壳上的符号标记。通常在二极管的外壳上标有二极管的符号，带有三角形箭头的一端为正极，另一端是负极。

2）观察外壳上的色点。在点接触二极管的外壳上，通常标有极性色点（白色或红色）。一般标有色点的一端即为正极。还有的二极管上标有色环，带色环的一端则为负极。

3）用万用表测量，以阻值较小的一次测量为准，黑表笔所接的一端为正极，红表笔所接的一端则为负极。

4）观察二极管外壳，带有银色带一端为负极。

二、整流电路

整流电路的作用是将交流降压电路输出电压较低的交流电转换成单向脉动性直流电，这就是交流电的整流过程，整流电路主要由整流二极管组成。经过整流电路之后的电压已经不是交流电压，而是一种含有直流电压和交流电压的混合电压。习惯上称单向脉动性直流电压。

电源电路中的整流电路主要有半波整流电路、全波整流电路和桥式整流三种。

【引导问题】

问题 [4-6] 二极管具有什么特性？

问题 [4-7] 如何根据正负极来判断二极管的好坏呢？

问题 [4-8] 电路为什么要整流？

三、稳压电路

开关稳压电路原理如图 4-12 所示,交流电压经整流电路及滤波电路整流滤波后,变成含有一定脉动成分的直流电压,该电压进入高频变换器被转换成所需方波电压,最后再将这个方波电压经整流滤波变为所需要的直流电压。控制电路为一脉冲宽度调制器,它主要由取样器、比较器、振荡器、脉宽调制及基准电压等电路构成。这部分电路目前已集成化,制成了各种开关电源的集成电路。控制电路用来调整高频开关元器件的开关时间比例,以达到稳定输出电压的目的。

问题 [4-9] 二极管在稳压电路中扮演什么角色?
_____
_____
_____
_____

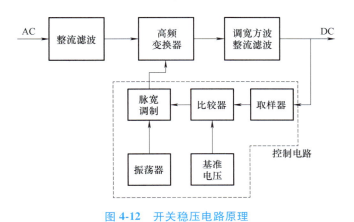

图 4-12 开关稳压电路原理

任务实施

一、任务准备

对照表 4-11 领取元器件,查阅二极管具体名字,如光电二极管,并填入表 4-11 中。

表 4-11　设备工具清单

二极管 1	二极管 2	二极管 3
二极管 4	二极管 5	万用表

二、防护措施(见表 4-12)

表 4-12　防护措施

防护项目	具体内容	备 注
个人安全防护	1. 工作人员尽量不佩戴影响操作的手表、首饰和其他配饰 2. 工作人员规范使用各种仪器仪表,一切按照既定流程操作	
设备安全防护	各仪器仪表是否在合格使用期内,并检测仪器仪表是否正常工作	检查仪器仪表名称:
场地安全防护	1. 场地安全标识到位 2. 现场灭火设施完善 3. 现场不相关设备,特别是影响作业设备清场	

三、任务分配(见表 4-13)

表 4-13　任务分配表

职　务	代　码	姓　名	工作内容
组长	A		
组员	B		
	C		
	D		

四、任务步骤

1. 二极管检测

使用万用表检测二极管是否完好，如果完好请测出它的正负极，并从二极管的外形特征找到正负极的规律，将测试结果填入表 4-14 中。

表 4-14 二极管检测记录表

二极管	是否完好	正负极测量结果及外形特征
	是□ 否□	
	是□ 否□	
	是□ 否□	
	是□ 否□	
	是□ 否□	

2. 分析开关电源电路图中的整流部分和稳压部分（见表 4-15）

表 4-15 电路图分析记录表

电路图	整流分析	稳压分析
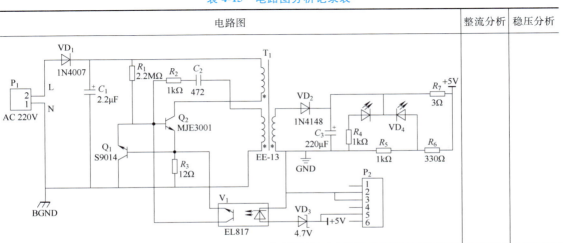		

五、结果分析（见表4-16）

表4-16　结果分析表

项　目	内　容	备　注
测量二极管是否完好	完好二极管数量_____ 型号分别是_____ 损坏二极管数量_____ 型号分别是_____	
测量二极管极性	二极管极性特征为_____ _____	
整流电路分析	整流电路的核心是_____ _____	
稳压电路分析	稳压电路的核心是_____ _____	

评价反馈

表 4-17 考核评分表

任务名称	二极管的检测和相关电路的分析		姓名		学号			任务得分			
考核项目	考核内容	配分	评分标准					自评30%	互评30%	师评40%	得分
知识技能 50分	能仔细阅读资讯材料,画出重点内容	15	优 15	良 12	合格 9	不合格 0					
	能借助信息化资源进行信息收集,自主学习	15	优 15	良 12	合格 9	不合格 0					
	能正确完成引导问题,写出完整答案	10	优 10	良 8	合格 6	不合格 0					
	能明确二极管的特性	10	优 10	良 8	合格 6	不合格 0					
实操技能 30分	能正确选出完好的二极管并测量极性	15	优 15	良 12	合格 9	不合格 0					
	能正确分析整流电路和稳压电路	15	优 15	良 12	合格 9	不合格 0					
态度情感 20分	注重细节,严谨认真	10	优 10	良 8	合格 6	不合格 0					
	具有团队意识,小组分工合作完成任务	10	优 10	良 8	合格 6	不合格 0					

任务总结

请简单总结任务的完成过程及一些心得体会。

任务三　手机充电器的组装

任务工单

表4-18　任务工单

任务信息	任务名称	手机充电器的组装	姓　　名	
	班　　级		学　　号	
客户信息	姓　　名		使用年限	
	手机充电器型号		任务日期	
客户需求	外形完整、技术参数合格的手机充电器 其他：			
任务内容	• 根据给定的电路图正确选择元器件 • 检测所选元器件是否完好 • 结合电路图焊接组装手机充电器			
任务目标	知识目标 • 焊接的步骤和方法 • 元器件和工具的检测方法 技能目标 • 能准确选择元器件和工具并检测是否完好 • 能够看懂电路图 • 能简单焊接组装手机充电器 素养目标 • 具备理论联系实际的科学精神 • 增强规范意识，按标准操作设备			
任务重点	选择元器件和工具并检测好坏，识读电路图，组装手机充电器			
任务难点	选择元器件和工具并检测好坏			
思政引导	实践是检验真理的唯一标准			
任务考核	学生自评30%+学生互评30%+教师评价40%=总评成绩			

知识储备

- 扫描二维码，观看焊接技术微课。
- 思政聚焦——实践是检验真理的唯一标准。

焊接技术

思政聚焦-实践是检验真理的唯一标准

【资讯】

一、电烙铁的使用方法

1）选用合适的焊锡，应选用焊接电子元器件用的低熔点焊锡丝。

2）助焊剂，用25％的松香溶解在75％的酒精（重量比）中作为助焊剂。

3）电烙铁使用前要上锡，具体方法是：将电烙铁烧热，待刚刚能熔化焊锡时，涂上助焊剂，再用焊锡均匀地涂在烙铁头上，使烙铁头均匀地吃上一层锡。

4）焊接方法，把焊盘和元件的引脚用细砂纸打磨干净，涂上助焊剂。用烙铁头蘸取适量焊锡，接触焊点，待焊点上的焊锡全部熔化并浸没元器件引线头后，电烙铁头沿着元器件的引脚轻轻往上一提离开焊点。

5）焊接时间不宜过长，否则容易烫坏元器件，必要时可用镊子夹住引脚帮助散热。

6）焊点应呈正弦波峰形状，表面应光亮圆滑，无锡刺，锡量适中。

7）焊接完成后，要用酒精把线路板上残余的助焊剂清洗干净，以防炭化后的助焊剂影响电路正常工作。

8）集成电路应最后焊接，电烙铁要可靠接地，或断电后利用余热焊接。或者使用集成电路专用插座，焊好插座后再把集成电路插上去。

9）电烙铁应放在烙铁架上。

【引导问题】

问题［4-10］ 电烙铁使用前和使用后都要放在什么位置？

_____

_____

_____

问题［4-11］ 如何评价焊接的好坏？

_____

_____

_____

问题［4-12］ 如何判断电烙铁温度过高呢？

_____

_____

_____

二、焊接方法

不同的焊接对象，其需要的电烙铁工作温度也不相同。判断烙铁头的温度时，可将电烙铁碰触松香，若烙铁碰到松香时，有"吱吱"的声音，则说明温度合适；若没有声音，仅能使松香勉强熔化，则说明温度低；若烙铁头一碰上松香就大量冒烟，则说明温度太高。

一般来讲，焊接的步骤主要有三步：

1）烙铁头上先熔化少量的焊锡和松香，将烙铁头和焊锡丝同时对准焊点。

2）在烙铁头上的助焊剂尚未挥发完时，将烙铁头和焊锡丝同时接触焊点，开始熔化焊锡。

3）当焊锡浸润整个焊点后，同时移开烙铁头和焊锡丝或先移开锡线，待焊点饱满漂亮之后再离开烙铁头和焊锡丝。

焊接过程一般以 2~3s 为宜。焊接集成电路时，要严格控制焊料和助焊剂的用量。为了避免因电烙铁绝缘不良或内部发热器对外壳感应电压损坏集成电路，实际应用中常采用拔下电烙铁的电源插头趁热焊接的方法。

问题 [4-13] 助焊剂是不是越多越好呢？

 **任务实施**

一、任务准备

根据给定的设备清单（见表 4-19）领取元器件和工具。

表 4-19 设备清单

元件名称		型号	数量	位号	元件名称	型号	数量	位号
电阻	棕黑红	1/8W 1kΩ	3	R2/4/5	晶体管	MJE13001	1	Q2
	橙橙棕	1/8W 330Ω	1	R6		S9014	1	Q1
	红红黑黄棕	1/4W 2.2MΩ	1	R1	指示灯	3mm 双色	1	D4
	棕红黑金棕	1/4W 12Ω	1	R3	IC 光耦	EL817	1	U1
	橙黑金金	1/2W 3Ω	1	R7	连接线		2	
电解电容		400V 2.2μF	1	C1	变压器	EE-13	1	T1
		10V 220μF	1	C3	线路板	PCB	1	
瓷片电容		472/50V	1	C2	USB 插座	B 母座弯	1	
二极管		1N4148	1	D2	外壳	全套塑料	2	
		1N4007	1	D1	自攻螺钉	M2.3*7	1	
稳压二极管		0.5W 4.7V	1	D3	说明书		1	

工具：万用表，电烙铁和焊锡丝若干。

二、防护措施（见表 4-20）

表 4-20 防护措施

防护项目	具体内容	备 注
个人安全防护	1. 现场安装人员尽量不佩戴影响操作的手表、首饰和其他配饰 2. 现场安装人员在使用烙铁焊接时注意姿势，防止烫伤 3. 现场安装人员规范使用各种仪器仪表，一切按照既定流程操作	
设备安全防护	各仪器仪表是否在合格使用期内，并检测仪器仪表是否正常工作	检查仪器仪表名称：
场地安全防护	1. 场地安全标识到位 2. 现场灭火设施完善 3. 现场不相关设备，特别是影响作业设备清场 4. 施工之前电源要保证检查断开	

三、任务分配（见表 4-21）

表 4-21 任务分配表

职　　务	代　　码	姓　　名	工作内容
组长	A		
组员	B		
	C		
	D		

四、任务步骤

1. 使用万用表测量元器件和工具是否完好（见表 4-22）

表 4-22 元器件测量记录表

元器件	是否完好	测量过程简述
万用表	是□ 否□	外观是否完好□ 供电是否正常□ 测量数据是否准确□，如不准确请说明哪些数据测量有问题_____
电阻	是□ 否□	测量电阻_____个 完好_____个，测量阻值是_____ 损坏_____个，测量阻值是_____
电容	是□ 否□	测量电容_____个， 完好_____个，容值和型号是_____ 损坏_____个，容值和型号是_____
二极管	是□ 否□	测量二极管_____个 完好_____个，型号是_____ 损坏_____个，型号是_____
晶体管	是□ 否□	测量晶体管_____个 完好_____个，型号是_____ 损坏_____个，型号是_____
变压器	是□ 否□	测量变压器_____个 完好_____个，型号是_____ 损坏_____个，型号是_____
电烙铁	是□ 否□	外观是否完好□ 是否正常升温降温□，如有问题请说明_____

2. 分析手机充电器电路图，将产品参数填入下表（见表4-23）

表4-23　手机充电器参数表

项目	内容
输入电压	
输出电压	
输出电流	
产品使用说明	
产品配置	

3. 对照原理图完成手机充电器的组装和焊接

五、结果分析（见表4-24）

表4-24　结果分析表

项　目	内　容	备　注
元器件检查		
工具检查		
电路分析		
安全防护		

评价反馈

表 4-25 考核评分表

任务名称	手机充电器的组装		姓名		学号		任务得分		
考核项目	考核内容	配分	评分标准				自评30%	互评30%	师评40%	得分
知识技能30分	能仔细阅读资讯材料，画出重点内容	10	优10	良8	合格6	不合格0				
	能借助信息化资源进行信息收集，自主学习	10	优10	良8	合格6	不合格0				
	能正确完成引导问题，写出完整答案	10	优10	良8	合格6	不合格0				
实操技能50分	能正确检测元器件和工具是否完好	15	优15	良12	合格9	不合格0				
	能正确使用电烙铁	15	优15	良12	合格9	不合格0				
	能完成手机充电器的组装	20	优20	良16	合格12	不合格0				
态度情感20分	理论联系实际，不纸上谈兵	10	优10	良8	合格6	不合格0				
	按照实验标准操作设备，安全规范	10	优10	良8	合格6	不合格0				

任务总结

请简单总结任务的完成过程及一些心得体会。

05 项目五 三相异步电动机的连接与测试

三相异步电动机，给生活增添新活力

异步电动机是工业、农业、国防及日常生活和医疗器械中应用最广泛的一种电动机，它的主要作用是驱动生产机械和生活用具。其单机容量可从几十瓦到几千千瓦。随着电气化和自动化程度的不断提高，异步电动机占有越来越重要的地位。据统计，在供电系统的动力负载中，约有70%是异步电动机负载，可见它在工农业生产乃至我们日常生活中的重要性。如图5-1所示，异步电动机是一种交流电动机，因其电动机的转子转速总落后于电动机的磁场同步转速，故称异步电动机。异步电动机有许多突出的优点，和其他各种电动机相比，它的结构简单，制造、使用和维护方便，效率较高，价格低廉。因此，从应用的角度来讲，了解异步电动机的工作原理，掌握它的运行性能，是十分必要的。

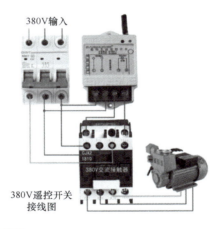

图 5-1 三相异步电动机

本项目的目标是三相异步电动机的连接与测试。在具体的实施过程：
1）认识三相对称交流电路，能够画出简单的三相对称交流电路；
2）学会三相异步电动机的两种连接方法，理解三相异步电动机的连接原理；
3）能够测试两种三相异步电动机电路的参数，掌握三相异步电动机两种电路参数的区别；
4）培养安全意识和严谨、规范的工作作风，有耐心和毅力分析解决工作过程中遇到的问题。

学完本项目内容，学生可正确连接三相异步电动机的电路并能够测试相关参数，单元任务考核达到合格水平。通过三相异步电动机的介绍，引导学生感受祖国的发展，民族工业的兴起，培养学生的爱国情怀。

任务一　认识三相异步电动机

任务工单

表 5-1　任务工单

任务信息	任务名称	认识三相异步电动机	姓　名	
	班　级		学　号	
客户信息	姓　名		使用年限	
	电动机型号		任务日期	
客户需求	具体需求： ✎ _____			
任务内容	• 了解三相交流电的产生原理 • 会用公式和相量的方法表示三相电源电压 • 能拆解和安装三相异步电动机			
任务目标	知识目标 　• 三相交流电源的电压公式表示方法 　• 三相交流电源的电压相量表示方法 技能目标 　• 能够按照步骤拆解三相异步电动机 　• 能够按照步骤安装三相异步电动机 素养目标 　• 学会用辩证思维看问题 　• 增强规范操作意识			
任务重点	用公式和相量的方法表示三相电源电压，安装拆解三相异步电动机			
任务难点	安装拆解三相异步电动机			
思政引导	深化马克思主义辩证思维的认知与学习，引导学生戒骄戒躁，尊重事物发展规律，脚踏实地			
任务考核	学生自评 30%+学生互评 30%+教师评价 40%＝总评成绩			

知识储备

- 扫描二维码，观看三相异步电动机相关微课。
- 思政聚焦——国际民用电的两种标准。

项目五 三相异步电动机的连接与测试

三相异步电动机

思政聚焦-国际民用电的两种标准

【资讯】

三相正弦交流电是目前世界上广泛使用的交流电源。电力系统中的发电、输电、配电以及大功率用电器大多是三相系统。由三相电源和三相负载连接而成的电路，称为三相电路。

一、三相交流电的基本概念

三相交流发电机如图 5-2 所示，首端是 A、B、C，尾端是 X、Y、Z，三相定子绕组在空间位置互差 120°，转子装有磁极以 ω 的角速度旋转时，定子三相绕组中便分别感应电动势。

$$e_A = E_m \sin\omega t$$
$$e_B = E_m \sin(\omega t - 120°)$$
$$e_C = E_m \sin(\omega t - 240°)$$
$$\quad = E_m \sin(\omega t + 120°)$$

电路分析中很少用电动势，通常用电压来表示。以 A 相绕组的感应电压为参考正弦量，则发电机的三相感应电压分别为

$$u_A = U_m \sin\omega t$$
$$u_B = U_m \sin(\omega t - 120°)$$
$$u_C = U_m \sin(\omega t + 120°)$$

三相感应电压波形图和相量图如图 5-3 所示。

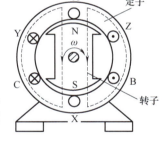
图 5-2 三相交流发电机示意图

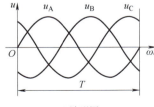
a) 波形图

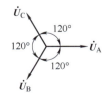
b) 相量图

图 5-3 三相感应电压的波形图和相量图

【引导问题】

问题 [5-1] 三相交流电主要用在实际生活中的哪些方面？
_____
_____
_____
_____

问题 [5-2] 三相交流发电机的原理是什么？
_____
_____
_____
_____

问题 [5-3] 三相电压中三相之间主要区别是什么呢？
_____
_____
_____
_____

问题 [5-4] 用相量表示有什么优势？
_____
_____
_____
_____

151

三个最大值相等,角频率相同,彼此相位互差120°电角度的单相正弦量称为对称三相交流电。

对称三相交流电压用相量可表示为

$$\dot{U}_A = U\angle 0°$$
$$\dot{U}_B = U\angle -120°$$
$$\dot{U}_C = U\angle 120°$$

由对称三相电压的波形图和相量图可看出:

$$u_A + u_B + u_C = 0 \quad \dot{U}_A + \dot{U}_B + \dot{U}_C = 0$$

对称三相交流电在相位上的先后顺序称为相序。我们把相序 A、B、C 称为正序或顺序;把 C、B、A 称为负序或逆序。电力系统中通常采用正序。

二、三相异步电动机

一个三相异步电动机主要由两部分组成,固定不动的部分称为电动机定子,旋转并拖动机械负载的部分称为电动机转子。转子和定子之间有一个非常小的空气气隙将转子和定子隔离开来,根据电动机容量大小的不同,气隙一般在 0.4～4mm 的范围内。电动机转子和定子之间没有任何电气上的联系,能量的传递全靠电磁感应作用,所以这样的电动机也称感应电动机。一个三相异步电动机的基本构造如图5-4所示。电动机定子由支撑空心定子铁心的钢制机座、定子铁心和定子绕组线圈组成。定子铁心由 0.5mm 厚的硅钢片叠至而成。定子铁心上的插槽是用来嵌放对称三相定子绕组线圈的。电动机转子由转子铁心、转子绕组和转轴组成。转子铁心由表面冲槽的硅钢片叠至成一圆柱形。转子铁心装在转轴上,转轴拖动机械负载。转子、气隙和定子铁心构成了一个电动机的完整磁路。异步电动机的转子有两种形式:笼型转子和绕线转子。

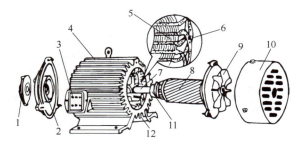

图5-4 三相异步电动机的基本构造

1—轴承盖 2—端盖 3—接线盒 4—散热箱 5—定子铁心 6—定子绕组
7—转轴 8—转子 9—风扇 10—罩壳 11—轴承 12—机座

问题 [5-5] 对称三相电源已知

$$\dot{U}_B = 220\angle -30°\text{ V}$$

(1) 试写出 $\dot{U}_A$、$\dot{U}_C$。

(2) 写出该对称三相电源的三角函数表达式。

(3) 作相量图。

问题 [5-6] 为什么要记住相序?

问题 [5-7] 试着画出一个三相异步电动机相序图。

任务实施

一、任务准备

从表 5-2 中选择所需设备和工具,并在图标下面注明参数。

表 5-2 设备工具清单

电动机	螺钉旋具	试电笔
扳手	电线	万用表

二、防护措施(见表 5-3)

表 5-3 防护措施

防护项目	具体内容	备 注
个人安全防护	1. 工作人员尽量不佩戴影响操作的手表、首饰和其他配饰 2. 工作人员规范使用各种仪器仪表,一切按照既定流程操作 3. 避免扳手或螺钉旋具碰伤	
设备安全防护	1. 各仪器仪表是否在合格使用期内,并检测仪器仪表是否正常工作 2. 检查万用表电量是否充足 3. 注意电动机上螺钉等部件的规范放置,防止丢失	
场地安全防护	1. 场地安全标识到位 2. 现场灭火设施完善 3. 现场不相关设备,特别是影响作业设备清场	

三、任务分配（见表 5-4）

表 5-4 任务分配表

职 务	代 码	姓 名	工作内容
组长	A		
组员	B		
	C		
	D		

四、任务步骤

1. 拆解三相异步电动机步骤

1）切断电源，拆开电动机与电源的连接线或引线，并将电源线线头做好绝缘处理。

2）拆卸胶带轮或联轴器（靠背轮）。在拆卸之前，如有顶丝（即支头螺钉），需先松开；拧松地脚螺栓和接地线螺栓。

3）拆卸风扇或风罩，小型电动机的风扇可以不拆卸，与转子一起吊出。

4）拆卸轴承盖和端盖。先拆下后轴承外盖（有些小型电动机采用半封闭轴承，没有轴承端盖），再旋下后端盖的紧固螺栓，然后将前端盖的紧固螺栓卸下；对于绕线转子电动机，先提起和拆除电刷、电刷架和引出线。

5）拆卸前后轴承和轴承内盖。拆卸轴承时要细致、耐心，避免损坏本来可以使用的轴承而造成不必要的损失；即使报废的轴承，拆卸时也不能胡敲乱拉，否则会碰伤轴。

6）抽出或吊出转子。抽转子时，不要碰坏定子绕组和转子；如果电动机气隙较大，抽转子前应在转子与定子之间垫一层薄纸板；转子重量不大时，可以用手抽出；转子重量较大时，先在转子轴上套好起重用的钢绳，用起重设备吊住转子慢慢移出。

2. 组装三相异步电动机

三相异步电动机修理后的装配顺序大致与拆卸时相反。装配时要注意拆卸时的一些标记，尽量按原记号复位。

装配的顺序如下：

（1）滚动轴承的安装

轴承安装的质量直接影响电动机的寿命，装配前应用煤油把轴承、转轴和轴承室等处清洗干净，用手转动轴承外圈，检查是否灵活、均匀和有无卡住现象，如果轴承不需更换，则需再用汽油洗净，用干净的布擦干待装。

如果是更换新轴承，应将轴承放入 70~80℃ 的变压器油中加热 5min 左右，待防锈油全部熔化后，再用汽油洗净，用干净的布擦干待装。

轴承往轴颈上装配的方法有两种：冷套和热套，套装零件及工具都要清洗干净保持清洁，把清洗干净的轴承内盖加好润滑脂套在轴颈上。

① 冷套法。把轴承套在轴颈上，用一段内径略大于轴径，外径小于轴承内圈直径的铁管，铁管的一端顶在轴承的内圈上，用手锤敲打铁管的另一端，把轴承敲进去。如果有条件最好是用油压机缓慢压入。

② 热套法。轴承放在 80~100℃ 的变压器油中，加热 30~40min，趁热快速把轴承推到轴颈根部，加热时轴承要放在网架上，不要与油箱底部或侧壁碰触，油面要没过轴承，温度不宜过高，加热时间也不宜过长，以免轴承退火。

③ 装润滑脂轴承的内外环之间和轴承盖内，要塞装润滑脂，润滑脂的塞装要均匀和适量，装的太满在受热后容易溢出，装的太少润滑面积小，一般二极电动机应装容腔的 1/3~1/2；四极以上的电动机应装空腔容积的 2/3，轴承内外盖的润滑脂一般为盖内容积的 1/3~1/2。

（2）后端盖的安装

电动机的后端盖套在转轴的后轴承上，并保持轴与端盖相互垂直，用木槌或紫铜棒轻轻敲打，使轴承嵌入端盖的轴承室内，拧上轴承内、外盖的螺栓，螺栓要对称逐步拧上。

（3）转子的安装

把安装好后端盖的转子对准定子铁心的中心，小心地往里放送，注意不要碰伤绕组线圈，当后端盖已对准机座的标记时，用木槌将后端盖敲入机壳，拧上后端盖的螺栓，暂时不要拧得太紧。

（4）前端盖的安装

前端盖对准机座的标记，用木槌均匀敲击端盖四周，使端盖嵌入止口，然后拧入端盖的固螺栓。最后按对角线上下、左右均匀地拧入前、后端盖的螺栓，在拧入螺栓的过程中，应边拧边转动转子，避免转子不同心或卡住。接下来是装前轴承内、外盖，先在轴承外盖孔插入一根螺栓，一手顶住螺栓，另一只手缓慢转动转子，轴承内盖也随之转动，用手感来对齐轴承内外盖的螺孔，将螺栓拧入轴承内盖的螺孔，再将另两根螺栓逐步拧入。

（5）安装风扇和皮带轮

在后轴端安装上风扇，再装好风扇的外罩，注意风扇安装要牢固，不要与外罩有碰撞和摩擦。装皮带轮时要修好键槽，磨损的键应重新配制，以保证连接可靠。

3. 三相异步电动机归位并整理现场

五、结果分析（见表 5-5）

表 5-5 结果分析表

项　目	内　容	备　注
三相异步电动机的拆解关键步骤		
三相异步电动机的组装关键步骤		
遇到的问题和解决方法		
整理现场	清理，清扫，整洁，整顿	

评价反馈

表 5-6 考核评分表

任务名称	认识三相异步电动机		姓名		学号		任务得分			
考核项目	考核内容	配分	评分标准				自评 30%	互评 30%	师评 40%	得分
知识技能 30 分	能仔细阅读资讯材料，画出重点内容	5	优 5	良 4	合格 3	不合格 0				
	能借助信息化资源进行信息收集，自主学习	5	优 5	良 4	合格 3	不合格 0				
	能正确完成引导问题，写出完整答案	10	优 10	良 8	合格 6	不合格 0				
	能用公式和相量两种方法表示三相交流电源电压	10	优 10	良 8	合格 6	不合格 0				
实操技能 50 分	能正确拆解三相异步电动机	25	优 25	良 20	合格 15	不合格 0				
	能正确组装三相异步电动机	25	优 25	良 20	合格 15	不合格 0				
态度情感 20 分	能用辩证思维看待问题	10	优 10	良 8	合格 6	不合格 0				
	遵守操作规范，严格按步骤完成操作	10	优 10	良 8	合格 6	不合格 0				

任务总结

请简单总结任务的完成过程及一些心得体会。

任务二　三相异步电动机的星形联结与测试

 任务工单

表 5-7　任务工单

任务信息	任务名称	三相异步电动机的星形联结与测试	姓　　名	
	班　　级		学　　号	
客户信息	电动机型号		使用年限	
	具体用途		任务日期	
客户需求	三相异步电动机的具体连接要求：			
任务内容	• 连接三相异步电动机星形电路 • 测量三相异步电动机星形电路相关参数			
任务目标	知识目标 • 掌握三相交流电源星形联结方式及特点 • 掌握三相异步电动机星形联结方式及特点 • 熟悉线电压、线电流、相电压、相电流的概念 • 掌握星形联结线电压、线电流、相电压、相电流大小关系和相位关系 • 熟悉星形联结三相电路对称情况下的分析、计算方法 技能目标 • 能够连接三相异步电动机星形电路 • 能够测相应的相电压、相电流、线电压、线电流 素养目标 • 具备精益求精的工匠精神 • 增强劳动意识			
任务重点	测量分析三相异步电动机星形电路			
任务难点	测量和分析三相交流电路中的相关参数			
思政引导	劳模精神、工匠精神			
任务考核	学生自评 30%+学生互评 30%+教师评价 40%=总评成绩			

知识储备

- 扫描二维码，观看三相异步电动机星形联结微课。
- 思政聚焦——致敬大国工匠。

三相异步电动机的星形联结

思政聚焦-致敬大国工匠

【资讯】

一、三相电源的星形联结

如图 5-5 所示，由电源绕组尾端公共连接点引出的导线称为中线（零线），由电源绕组首端引出的导线称为相线（火线）。

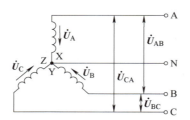

图 5-5 三相电源的星形联结

图 5-5 中电源绕组首端指向尾端的电压称为相电压（即相线与零线之间的电压），相线与相线之间的电压称为线电压。

电源绕组按上述方式联结，构成的供电体系称为三相四线制。三相四线制供电方式显然可以向负载提供两种电压。

从图可知，电源作星形联结三相四线制供电时，可向负载提供相线与零线之间的相电压和相线与相线之间的线电压。

三个电源相电压总是对称的，而三个线电压与相电压之间的关系为

$$\dot{U}_{AB} = \dot{U}_A - \dot{U}_B = \dot{U}_A + (-\dot{U}_B)$$

$$\dot{U}_{BC} = \dot{U}_B - \dot{U}_C = \dot{U}_B + (-\dot{U}_C)$$

$$\dot{U}_{CA} = \dot{U}_C - \dot{U}_A = \dot{U}_C + (-\dot{U}_A)$$

【引导问题】

问题 [5-8] 什么是线电压？

_____
_____
_____
_____

问题 [5-9] 什么是相电压？

_____
_____
_____
_____

问题 [5-10] 相电压和线电压之间的关系如何？

_____
_____
_____
_____

显然三个线电压也是对称的。

由图 5-6 可以定量地分析出相、线电压之间的关系为

$$\dot{U}_{AB} = \sqrt{3}\dot{U}_A \angle 30°$$
$$\dot{U}_{BC} = \sqrt{3}\dot{U}_B \angle 30°$$
$$\dot{U}_{CA} = \sqrt{3}\dot{U}_C \angle 30°$$

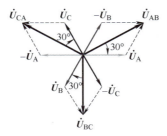

图 5-6 三相电源的星形联结的相量图

显然，线电压在数量上是相电压的 1.732 倍；在相位上超前与其相对应的相电压 30°电角。

线电压（U_l）与相电压（U_p）的通用关系表达式为

$$\dot{U}_l = \sqrt{3}\dot{U}_p \angle 30°$$

工农业生产和日常生活中，多数用户使用的电压等级通常为

$$U_l = 380V \qquad U_p = 220V$$

二、三相负载星形联结（见图 5-7）

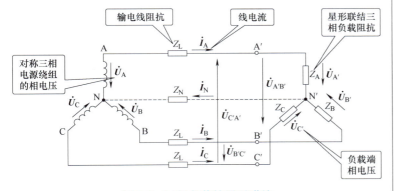

图 5-7 三相负载的星形联结

电路中 $Z_L = 0$ 时，则 $U_A = U_{A'}$，中线电压 $U_{NN'} = 0$。

问题 [5-11] 日常生活中哪些地方用到 380V 的电压？哪些用到 220V 的电压呢？

问题 [5-12] 三相电源和三相负载的星形联结方法是怎样的呢？

三、星形对称三相电路的分析（见图 5-8）

对称三相负载的概念：
$$Z_A = Z_B = Z_C = Z = |Z|\angle\varphi$$

星形电路特点：相电流等于线电流！

中线电流：
$$\dot I_N = \dot I_A + \dot I_B + \dot I_C$$

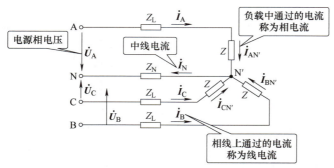

图 5-8 星形对称三相电路分析

如果三相电路输电线上阻抗不能忽略时，存在中点电压 $u_{N'N}$，根据弥尔曼定理可得其相量计算式为

$$\dot U_{N'N} = \frac{\dfrac{\dot U_A}{Z+Z_L}+\dfrac{\dot U_B}{Z+Z_L}+\dfrac{\dot U_C}{Z+Z_L}}{\dfrac{1}{Z_N}+\dfrac{1}{Z+Z_L}+\dfrac{1}{Z+Z_L}+\dfrac{1}{Z+Z_L}}$$

此时各相负载中通过的电流为

$$\dot I_A = \frac{\dot U_A - \dot U_{N'N}}{Z+Z_L} \qquad \dot I_B = \frac{\dot U_B - \dot U_{N'N}}{Z+Z_L} \qquad \dot I_C = \frac{\dot U_C - \dot U_{N'N}}{Z+Z_L}$$

$$\dot U_{N'N} = \frac{\dfrac{\dot U_A}{Z+Z_L}+\dfrac{\dot U_B}{Z+Z_L}+\dfrac{\dot U_C}{Z+Z_L}}{\dfrac{1}{Z_N}+\dfrac{1}{Z+Z_L}+\dfrac{1}{Z+Z_L}+\dfrac{1}{Z+Z_L}}$$

当三相电路对称时，上式中的分子为零，就有
$$\dot U_{N'N} = 0$$

即三相电路对称时中点电压为零。

对称时各相负载中通过的电流为

$$\dot I_A = \frac{\dot U_A}{Z+Z_L} \qquad \dot I_B = \frac{\dot U_B}{Z+Z_L} \qquad \dot I_C = \frac{\dot U_C}{Z+Z_L}$$

三相对称时的中线电流为

问题 [5-13] 在星形联结中，相电流和线电流之间的关系是怎样的呢？
_____
_____
_____
_____

问题 [5-14] 电源线电压为 380V，对称负载星形联结，$Z = (3+j4)\,\Omega$，求：各相负载中的电流及中线电流。
_____
_____
_____
_____
_____

$$\dot{I}_N = \dot{I}_A + \dot{I}_B + \dot{I}_C = 0$$

从电流的观点来看，对称时中线为零相当于开路。因此，在对称三相电路中，中线的有、无对电路无影响。

四、对称三相星形电路计算原则

1）由于三相电路对称，因此各相负载的端电压和电流也是对称的，三相电路的计算可归结为一相进行。

2）根据电路给定条件确定参考相量，一般选 A 相电压。

3）应用单相电路的分析方法求出 A 相电路的待求量。

4）根据对称关系写出其他两相的待求量。

5）在一相电路计算中，中线阻抗不起作用，N 和 N′之间等电位，用一根短接线连接，如图 5-9 所示。

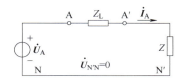

图 5-9　在一相电路计算中，中线不起作用

关于中线（零线）的有关结论：

中线的作用在于使星形联结的不对称三相负载得到相等的相电压。

负载不对称且又无中线时，负载上将得到大小不等的电压，有的超过用电设备的额定电压，有的达不到额定电压，各相负载均不能正常工作。对于照明电路这类三相不对称电路而言，实际应用中各相负载不能保证完全对称，所以必须采用三相四线制供电，而且必须保证中线（零线）可靠。

因此，为确保中线（零线）在运行中安全可靠不断开，中线上不允许接熔丝和开关！

任务实施

一、任务准备

从表 5-8 中选出三相异步电动机星形联结与测试需要的设备，查阅资料在图标下面注明参数。

表 5-8　设备工具清单

三相交流电源	交流数字电压表	交流数字电流表	万用表	三相异步电动机
螺钉旋具	剥线钳	试电笔	变压器	电动机

二、防护措施（见表 5-9）

表 5-9　防护措施

防护项目	具体内容	备　注
个人安全防护	1. 现场安装人员着工装，戴安全帽，穿绝缘鞋 2. 现场安装人员尽量不佩戴影响操作的手表、首饰和其他配饰 3. 现场安装人员在搬动重物时注意姿势，防止扭伤 4. 现场安装人员规范使用各种仪器仪表，一切按照既定流程操作	
设备安全防护	1. 各仪器仪表是否在合格使用期内，并检测仪器仪表是否正常工作 2. 三相异步电动机是否完好	
场地安全防护	1. 场地安全标识到位 2. 现场灭火设施完善 3. 现场不相关设备，特别是影响作业设备清场 4. 施工之前电源要保证检查断开	

三、任务分配（表 5-10）

表 5-10　任务分配表

职　务	代　码	姓　名	工作内容
组长	A		
组员	B		
	C		
	D		

四、任务步骤

1. 相线电压、相线电流测试和分析

根据图 5-10a 所示电路进行连接。图中 V_1 电压表的读数是线电压有效值，V_2 电压表的读数是相电压有效值。因线电流等于相电流，所以电流表读数是三相的线电流或相电流。将数据填入实施记录表 5-11 中。

2. 三相功率测试

因三相负载对称，可采用一表法测三相功率，接线如图 5-10b 所示。将数据填入实施记录表 5-12 中。

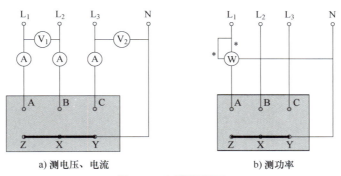

a) 测电压、电流　　　　b) 测功率

图 5-10　测量接线图

3. 做好个人、设备和场地的安全防护

因为本次实施过程涉及个人、用电设备和场地三方面的内容，所以需要对这三个方面都进行防护。思考并讨论都需要做哪些方面的防护。

将实施记录填入表 5-11、表 5-12 中。

表 5-11　相线电压、相线电流测试

负载情况	线电流=相电流/A			线电压/V			相电压/V			中性线电流 I_N/A	中性点电压 $U_{N'}$/V
星形联结对称负载（带中性线）											
星形联结对称负载（不带中性线）											

表 5-12　三相功率测试

负载情况	测量数据			计算值
	P_A/W	P_B/W	P_C/W	$\sum P$/W
星形联结对称负载（带中性线）				

五、结果分析（见表 5-13）

表 5-13　结果分析表

项　目	内　容	备　注
星形联结各相电压、电流特性		
思考操作过程中需要做哪些方面的防护		
遇到的问题和解决方法		
整理现场		

评价反馈

表 5-14 考核评分表

任务名称	三相异步电动机的星形联结与测试	姓名		学号		任务得分			
考核项目	考核内容	配分	评分标准				自评30%	互评30%	师评40%	得分
知识技能30分	能仔细阅读资讯材料，画出重点内容	10	优10	良8	合格6	不合格0				
	能借助信息化资源进行信息收集，自主学习	10	优10	良8	合格6	不合格0				
	能正确完成引导问题，写出完整答案	10	优10	良8	合格6	不合格0				
实操技能50分	能正确连接电路	15	优15	良12	合格9	不合格0				
	能够正确使用仪器仪表	15	优15	良12	合格9	不合格0				
	能正确测量数据	20	优20	良16	合格12	不合格0				
态度情感20分	做事严谨认真，精益求精	10	优10	良8	合格6	不合格0				
	热爱劳动，具备劳动意识	10	优10	良8	合格6	不合格0				

任务总结

请简单总结任务的完成过程及一些心得体会。

_____
_____
_____
_____

任务三　三相异步电动机的三角形联结与测试

任务工单

表 5-15　任务工单

任务信息	任务名称	三相异步电动机的三角形联结与测试	姓　名	
	班　级		学　号	
客户信息	电动机型号		使用年限	
	具体用途		任务日期	
客户需求	三相异步电动机的具体连接需求： ✎_____			
任务内容	• 连接三相异步电动机三角形电路 • 测量三相异步电动机三角形电路相关参数			
任务目标	知识目标 • 掌握三相交流电源三角形联结方式及特点 • 掌握三相异步电动机三角形联结方式及特点 • 掌握三角形联结线电压、线电流、相电压、相电流大小关系和相位关系 • 熟悉三角形联结三相电路对称情况下的分析、计算方法 技能目标 • 能够连接三相异步电动机三角形电路 • 能够测相应的相电压、相电流、线电压、线电流 素养目标 • 具备严格规程，规范操作的意识 • 增强安全意识			
任务重点	测量分析三相异步电动机三角形电路			
任务难点	测量和分析三相异步电动机三角形联结电路的相关参数			
思政引导	安全大于天，遵守职业规范			
任务考核	学生自评 30%＋学生互评 30%＋教师评价 40%＝总评成绩			

知识储备

- 扫描二维码，观看三相异步电动机的三角形联结微课。
- 思政聚焦——严格规程，规范操作。

三相异步电动机的三角形联结

思政聚焦-严格规程，规范操作

【资讯】

一、三相电源的三角形联结

三相电源绕组首尾相连组成闭环，在三个连接点处向外引出三根相线，即构成三角形联结，如图 5-11 所示。

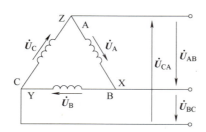

图 5-11　三相电源的三角形联结

显然，电源绕组三角形联结时总有：线电压等于相电压！即：只能向负载提供一种电压。

实际电源三角形联结时，由于三相电源绕组的感应电压对称，所以电源回路内部无电流，但若有一相接反时，就会在电源回路内造成很大的环流从而烧坏电源绕组。因此，实际三相电源绕组作三角形联结时，为确保无误，一般要先把 3 个电源绕组留一个开口，开口处连接一个阻抗极大的电压表，当电压表读数为零时说明连接无误，这时才能将开口合拢。

二、三相负载的三角形联结（见图 5-12）

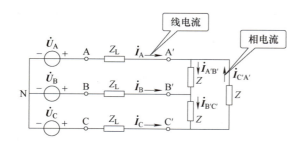

图 5-12　三相负载的三角形联结

【引导问题】

问题 [5-15]　三相电源三角形联结时线电压和相电压的关系是怎样的呢？

问题 [5-16]　三相电源三角形联结时线电流和相电流的关系是怎样的呢？

图 5-12 所示为电源星形联结，负载为三角形联结的对称三相电路。由于三相电路对称，所以三个相电流和三个线电流必然都是对称的。设：

$$\dot{I}_{A'B'} = I_P\angle 0°, \quad \dot{I}_{B'C'} = I_P\angle -120°, \quad \dot{I}_{C'A'} = I_P\angle 120°$$

对 A′、B′、C′ 三个结点分别列写 KCL 方程可得

$$\dot{I}_A = \dot{I}_{A'B'} - \dot{I}_{C'A'}$$
$$\dot{I}_B = \dot{I}_{B'C'} - \dot{I}_{A'B'}$$
$$\dot{I}_C = \dot{I}_{C'A'} - \dot{I}_{B'C'}$$

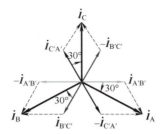

由图 5-13 分析可得：三相线电流也是对称的，在数量上是对应相电流的 1.732 倍，在相位上滞后对应相电流 30°电角。

图 5-13 三角形联结的相量图

三、对称三角形联结电路的分析

对称三相三角形联结电路也用三相归结为一相的方法，应首先把三角形联结负载变换成星形联结负载后才能进行，如图 5-14 所示。

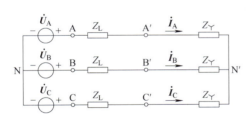

图 5-14 三角形联结负载变换成星形联结负载

图 5-14 中：

$$Z_Y = \frac{Z_\triangle}{3}$$

对称三相负载三角形联结时，只要将负载等效为星形联结，其分析计算方法就可以依据前面所述星形联结进行。

四、三相功率

三相总有功功率：$P = P_A + P_B + P_C$

负载对称时：$P = 3U_p I_p \cos\varphi$

$\begin{cases} 星形联结时：U_l = \sqrt{3}\,U_p \quad I_l = I_p \\ 三角形联结时：U_l = U_p \quad I_l = \sqrt{3}\,I_p \end{cases}$

$$P = \sqrt{3}\,U_l I_l \cos\varphi$$

任务实施

一、任务准备

从表 5-16 中选出三相异步电动机三角形联结与测试的设备,查阅资料在图标下面注明参数。

表 5-16　设备工具清单

三相交流电源	交流数字电压表	交流数字电流表	万用表	三相异步电动机
螺钉旋具	剥线钳	试电笔	变压器	电动机

二、防护措施（见表 5-17）

表 5-17　防护措施

防护项目	具体内容	备　注
个人安全防护	1. 现场安装人员着工装，戴安全帽，穿绝缘鞋 2. 现场安装人员尽量不佩戴影响操作的手表、首饰和其他配饰 3. 现场安装人员在搬动重物时注意姿势，防止扭伤 4. 现场安装人员规范使用各种仪器仪表，一切按照既定流程操作	
设备安全防护	1. 各仪器仪表是否在合格使用期内，并检测仪器仪表是否正常工作 2. 电线电缆、灯具及相关安装设施是否完好	
场地安全防护	1. 场地安全标识到位 2. 现场灭火设施完善 3. 现场不相关设备，特别是影响作业设备清场 4. 施工之前电源要保证检查断开	

三、任务分配（见表 5-18）

表 5-18　任务分配表

职　务	代　码	姓　名	工作内容
组长	A		
组员	B		
组员	C		
组员	D		

四、任务步骤

1. 相线电压、相线电流测试和分析

根据图 5-15a 所示电路进行连接。图中 A_1 电流表的读数是线电流有效值，A_2 电流表的读数为相电流有效值。因线电压等于相电压，所以电压表读数是三相的线电压或相电压。将数据填入表 5-19 中。

2. 三相功率测试

因三相三线制，可采用二表法测三相功率，接线如图 5-15b 所示。将数据填入表 5-20 中。

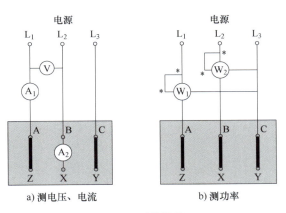

a) 测电压、电流　　　　b) 测功率

图 5-15　测量接线图

表 5-19　相线电压、相线电流测试

负载情况	线电压=相电压/V	线电流/A	相电流/A
三相对称			

表 5-20　三相功率测试

负载情况	测量数据			计算值
	P_A/W	P_B/W	P_C/W	$\sum P$/W
三角形联结对称负载				

五、结果分析（见表 5-21）

表 5-21　结果分析表

项　目	内　容	备　注
三角形联结各相电压、电流特性		
三相异步电动机三角形和星形联结的不同		
遇到的问题和解决方法		
整理现场		

评价反馈

表 5-22 考核评分表

任务名称	三相异步电动机的三角形联结与测试		姓名		学号			任务得分		
考核项目	考核内容	配分	评分标准				自评 30%	互评 30%	师评 40%	得分
知识技能 30 分	能仔细阅读资讯材料，画出重点内容	5	优 5	良 4	合格 3	不合格 0				
	能借助信息化资源进行信息收集，自主学习	10	优 10	良 8	合格 6	不合格 0				
	能正确完成引导问题，写出完整答案	5	优 5	良 4	合格 3	不合格 0				
	能描述三相交流电源三角形联结的方法	10	优 10	良 8	合格 6	不合格 0				
实操技能 50 分	能正确连接电路	15	优 15	良 12	合格 9	不合格 0				
	能够正确使用仪器仪表	15	优 15	良 12	合格 9	不合格 0				
	能正确测量数据	20	优 20	良 16	合格 12	不合格 0				
态度情感 20 分	具备安全意识	10	优 10	良 8	合格 6	不合格 0				
	规范操作，遵守规程	10	优 10	良 8	合格 6	不合格 0				

任务总结

请简单总结任务的完成过程及一些心得体会。

项目六 迷你音响的设计与制作

工匠精神细雕琢，声传千里不失真

- 思政聚焦——习总书记与神州十二号通话。

思政聚焦-习总书记与神州十二号通话

音响设备是对声音信号进行放大、滤波、均衡等处理的电子设备。音响设备通常由音源、控制设备、音频处理器、功率放大器、音箱组成。

音响设备应用广泛，除了用于家庭娱乐、KTV、影剧院等音乐、声效欣赏领域外，在应急救援、文化宣传和战场宣传等方面也有重要应用。

音响设备是信息传递的工具，失真程度高低是非常重要的技术指标，音响设备的失真度控制需要每个生产者和使用者都以大国工匠的精神认真工作，仔细调试，才能使设备发挥出最好的性能。

成套的家用音响设备如图 6-1 所示。

在一些便携场合，迷你（微型）音响非常实用，迷你音响简化了系统结构，扬声器体积较小，功率较小，性能参数不如大型设备。迷你音响实物如图 6-2 所示。

图 6-1 音响设备

图 6-2 迷你音响

音响系统的主要参数：
①额定功率；②失真度；③输出阻抗；④通频带；⑤信噪比；⑥灵敏度。

本项目的学习目标是迷你音响的设计与制作。在具体的实施过程：
1) 晶体管识别与检测，能够根据晶体管型号测试晶体管好坏；
2) 掌握基本放大电路主要参数和基本原理；
3) 掌握集成运放的特点和使用方法；
4) 根据电路图，完成迷你音响的组装和焊接；
5) 调试电路；
6) 培养安全意识和严谨、规范的工作作风，有耐心和毅力分析解决工作过程中遇到的问题。

学完本项目内容，学生可正确根据原理和电路图分析迷你音响系统，能够在安全用电的前提下完成组装和焊接，单元任务考核达到合格水平。

任务一　基本放大电路

表 6-1　任务工单

任务信息	任务名称	基本放大电路		姓　　名	
	班　　级			学　　号	
客户信息	姓　　名			使用年限	
	产品型号			任务日期	
客户需求	直流供电☐　　交流供电☐　　数字电路☐ 大功率☐　　　模拟电路☐　　集成电路☐ 其他： ✎				
任务内容	• 晶体管的识别与检测 • 基本放大电路仿真				
任务目标	知识目标 • 掌握晶体管的基本知识 • 掌握基本放大电路工作原理 技能目标 • 能用万用表检测晶体管 • 会仿真基本放大电路 素养目标 • 安全规范、严谨细致、节约能源、勇于探索的科学态度 • 自主学习，主动完成任务内容，提炼学习重点 • 团结合作，主动帮助同学、善于协调工作关系				
任务重点	晶体管的识别与检测、基本放大电路原理				
任务难点	基本放大电路原理				
思政引导	工匠精神，精益求精才能保证远距离通信不失真				
任务考核	学生自评 30%＋学生互评 30%＋教师评价 40%＝总评成绩				

【资讯】

一、半导体材料

• 扫描二维码，观看半导体材料微课。

半导体材料

自然界中的材料通常根据电阻率分为导体、半导体和绝缘体三类。

项目六　迷你音响的设计与制作

导体通常为金属材料、具有离子的溶液、具有离子的气体等。金属材料的原子最外层电子容易在电场的作用下脱离原子束缚，定向移动形成电流。离子带有正电荷或负电荷，如果液体或气体中有离子，在电场作用下离子也非常容易定向移动形成电流。

绝缘体包括一些气态的物质，如：惰性气体、氮气、二氧化碳等；液态的物质，如：去离子水和油；固态的物质，如：二氧化硅、干燥的木材、纸张和棉布等。

半导体材料主要包括硅、锗等单质和一些化合物，如：砷化镓、碳化硅等。目前制作二极管、晶体管和集成电路等元器件时使用最为广泛的半导体材料是硅。

地壳中硅元素丰度很高，仅次于氧，常以硅酸盐和二氧化硅的形式存在于地表，如：石英砂、水晶等二氧化硅，以及硅酸盐的高岭土、长石、滑石和云母等。

制备半导体元器件时，常使用二氧化硅作为原材料，去除其中的氧元素，提纯制备多晶硅。然后再由多晶硅制备单晶硅，单晶硅的纯度非常高，通常可以达到 99.9999999% 的纯度。多晶硅在制备单晶硅的时候采用融化的方法生长出圆柱状的硅锭，然后切割成薄片，称为晶圆（硅片），根据晶圆的直径，可以分为 6in、8in、12in 等（1in=25.4mm）。晶圆是生产晶体管和集成电路等电子元器件的直接材料。

半导体材料常具有掺杂特性、热敏特性、光敏特性等性质。

掺杂特性是指在纯净的半导体材料中掺入特殊类型的其他材料可以大幅改善其导电性能。

热敏特性是指半导体材料的导电性能容易受温度的影响，其内在原理在于半导体原子外层电子得到热能脱离原子核束缚变成自由电子从而参与导电，温度的变化直接影响参与导电的电子数量。

光敏特性是指半导体的材料容易受到光照的影响改变导电性能，其原理在于半导体原子外层电子得到光子能量而脱离原子束缚参与导电。半导体材料只对某些波长的光敏感，所以光照带来的影响首先受到光的波长影响，然后才是强度的影响。

二、PN 结

- 扫描二维码，观看 PN 结微课。

纯净的半导体材料称为本征半导体，本征半导体材料导电的原理主要是热激发，也

PN 结

【引导问题】

问题 [6-1]　我国每年生成大量的集成电路，同时也进口了非常多的集成电路，集成电路是由什么材料制造的？

_____
_____
_____
_____
_____

就是热敏特性中提到的导电原理，每个电子获得能量脱离原子核束缚时，同时原子核就带了正电，电子离开的位置称为空穴，一般称空穴带正电。热激发所产生的电子和空穴是成对出现的，也称为电子空穴对。电子和空穴都可以定向移动形成电流（原子核不能移动），所以统称载流子。电子和空穴偶尔也能复合，复合时会释放出能量，有的能量以热能形式释放出来，有的以光子形式释放出来，这与材料有关，利用这种性质可以制造出发光二极管。热激发所产生的载流子数量非常少，所以导电性能非常差，接近于绝缘体。

硅是四价元素，导电性能非常差，当其中掺入五价元素磷的时候，就形成了 N 型半导体，导电性能会随掺入的磷原子数量增加而大幅提高。类似地，当硅材料中掺入硼元素的时候，就形成了 P 型半导体，导电性能也会随硼原子数量的增加而大幅提高。半导体材料利用掺杂工艺可以改变导电性能的特性称为掺杂特性。

掺杂半导体中因掺杂产生的载流子称为多数载流子（简称多子），对应的另一种载流子称为少数载流子（简称少子）。N 型半导体中电子为多子，空穴为少子；P 型半导体中电子为少子，空穴为多子。少子数量由热激发决定，所以温度变化直接影响少子数量。

PN 结是半导体器件的基本结构，是由 P 型半导体和紧邻的 N 型半导体共同构成的特殊结构。在纯净的半导体晶圆上，通过掺杂工艺将 P 型半导体和 N 型半导体贴紧制作，在两者的交界面附近就会由于浓度差，使得电子从 N 型半导体一侧扩散到 P 型半导体一侧，同时 P 型半导体中的空穴也会扩散到 N 型半导体一侧，这样会形成内电场阻止进一步的扩散，从而达到一个动态的平衡。

当外电场与内电场方向一致时，会加强内电场的效果，阻止空穴从 P 型半导体向 N 型半导体移动，外电场不能导致较大的电流，这从外部看来，相当于很大的电阻；当外电场与内电场方向相反时，会削弱内电场的效果，使得空穴从 P 型半导体向 N 型半导体移动非常容易，外电场能形成较大的电流，这从外部看来，相当于很小的电阻。所以，外加电压的方向不同时，PN 结具有不同的等效电阻，这就是 PN 结的单向导电性。

PN 结封装起来就是二极管，所以二极管也有单向导电性。

三、晶体管

- 扫描二维码，观看晶体管微课。

晶体管

问题 [6-2] 二极管和晶体管有什么样的联系？

问题 [6-3] 基尔霍夫电流定律是否适用于晶体管？

双极型晶体管（BJT），常简称为晶体管。晶体管是由 2 个 PN 结构成的器件，两个 PN 结有两种组合方式，因而晶体管分为 NPN 和 PNP 两种结构。其图形符号如图 6-3 所示。

晶体管的三个引脚分别称为发射极（E）、基极（B）、集电极（C）。符号中的箭头代表电流的方向。

晶体管的基极电流可以控制集电极电流，是流控电流源，具有以下两个重要公式：

$$i_B + i_C = i_E$$

$$i_C = \beta i_B$$

公式中 β 为共射电流放大系数，是个没有量纲的常数，一般在几十至几百之间，晶体管数据手册中常记作 h_{FE}。

晶体管 B、E 之间的特性被称为输入特性，与普通二极管基本相同，也有死区电压和单向导电性。晶体管输入特性曲线如图 6-4 所示。

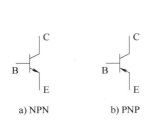

图 6-3 晶体管图形符号　　图 6-4 晶体管输入特性曲线

晶体管 C、E 之间的特性被称为输出特性，晶体管输出特性曲线通常分为截止区、放大区、饱和区。晶体管输出特性曲线如图 6-5 所示。

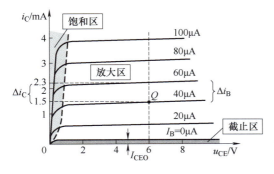

图 6-5 晶体管输出特性曲线

四、晶体管识别与检测

晶体管外观形态各异，有塑封晶体管、也有金属封装晶体管、还有带散热片的晶体管，有直插的、也有表贴的，引脚排列顺序也各有不同，所以仅凭外观并不易准确识别其功能，可靠的办法是识读其外壳标注的型号，然后通过查阅数据手册了解其功能和参数。

晶体管的特征是有 3 个引脚，虽然有些金属封装的晶体管看起来似乎只有 2 个引脚，但实际上金属外壳就是其集电极，所以也是 3 个引脚。

晶体管体积的大小直接与其功率相关，一般体积大的晶体管功率也大，带散热片的晶体管功率比不带散热设计的晶体管功率大。

检测晶体管参数常使用晶体管图示仪，通过晶体管图示仪可以直接测量晶体管输入特性曲线和输出特性曲线，并能通过图形的方式显示在屏幕上。

晶体管图示仪体积较大、价格较高、使用复杂，在很多场景下并不需要知道晶体管的具体参数，所以经常用万用表简易测量晶体管好坏。

使用万用表检测晶体管好坏时，需要使用万用表的二极管档位，分别测量两个 PN 结是否还具有单向导电性，只要有任何一个 PN 结损坏，就可以判定晶体管已经损坏。

现在很多万用表具有晶体管测量插孔，利用两个 PN 结组合方式可知晶体管是 NPN 型还是 PNP 型，然后将晶体管插入对应插孔，就可以测量出晶体管的共射电流放大系数 h_{FE}。若 h_{FE} 与数据手册提供的值相差较大，则此晶体管不宜再用。

五、基本放大电路

● 扫描二维码，观看基本放大电路微课。

放大是指将幅度小的信号放大为幅度大的信号，在这个过程中应保证尽量小的失真和信号能量的增加。信号放大所增加的能量来源于直流电源。

放大电路有两个（电）源：一个是信号源（要放大的目标）、一个直流电源（能量来源），在线性系统中，这两个源可以使用叠加定理进行分析，系统框图如图 6-6 所示。

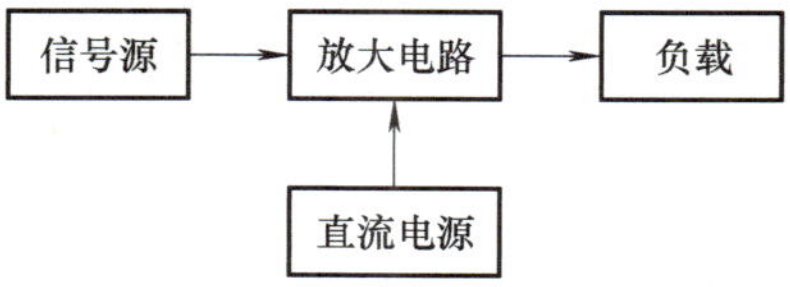

基本放大电路

图 6-6 放大电路系统框图

问题 [6-4] 晶体管输出特性曲线为什么有很多条曲线？
_____
_____
_____
_____

问题 [6-5] 若数字万用表在测量晶体管 PN 结时显示导通状态，此时红表笔所接引脚是 P 型半导体？还是 N 型半导体？
_____
_____
_____
_____

晶体管放大电路需要使晶体管工作在放大区才能获得尽可能小的失真。根据晶体管输出特性曲线，要想让晶体管工作在放大区，需要大小合适的基极电流 i_B 和大小合适的集电极电压 u_{CE}。

为了使晶体管工作在放大区，需要在外围设置合适的电阻，以获得适当的电流和电压。晶体管共射放大电路如图6-7所示。

问题[6-6] 放大的本质是什么？

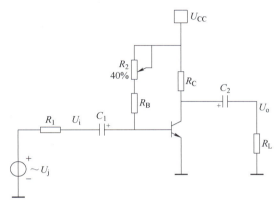

图6-7 共射放大电路

图6-8所示为共射放大电路的信号波形，上面的波形为输入信号 u_i，下面的波形为输出信号 u_o。

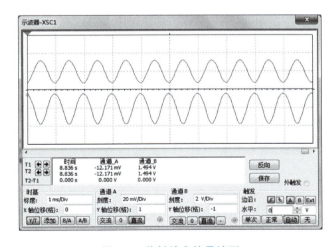

图6-8 共射放大信号波形

电压放大倍数

$$A_\text{U} = \frac{u_\text{o}}{u_\text{i}} = -\beta \frac{R_\text{L}'}{r_\text{be}}$$

式中，R_L' 为 R_C 和 R_L 的并联等效电阻。

$$R_\text{L}' = \frac{R_\text{C} R_\text{L}}{R_\text{C} + R_\text{L}}$$

式中，r_be 为晶体管基极和发射极之间的等效动态电阻，常温下，计算公式可简化为

$$r_\text{be} = 300 + (1+\beta)\frac{26\text{mV}}{I_\text{EQ}} \Omega$$

$$I_\text{EQ} = (1+\beta)\frac{u_\text{CC} - 0.7}{R_2 + R_\text{B}}$$

项目六　迷你音响的设计与制作

 任务实施

一、任务准备

从表 6-2 中选出任务过程中所需要的图样和设备，并查阅资料在图标下面注明参数。

表 6-2　设备工具清单

晶体管（8050）	晶体管（8550）	万用表

二、防护措施（见表 6-3）

表 6-3　防护措施

防护项目	具体内容	备注
个人安全防护	1. 工作人员尽量不佩戴影响操作的手表、首饰或其他配饰 2. 工作人员规范使用各种仪器仪表，一切按照既定流程操作	
设备安全防护	1. 各仪器仪表是否在合格使用期内，并检测仪器仪表是否正常工作 2. 计算机软硬件系统是否完好	
场地安全防护	1. 场地安全标识到位 2. 现场灭火设施完善 3. 现场不相关设备，特别是影响作业设备清场	

三、任务分配（见表 6-4）

表 6-4　任务分配表

职　务	代　码	姓　名	工作内容
组长	A		
组员	B		
	C		
	D		

四、任务步骤

1）根据客户需求，识别并测试晶体管，将结果填入表 6-5 中。

表 6-5　操作步骤

晶体管（型号、符号）	结　　果	简述理由

2）分析基本放大电路原理，仿真，将仿真的测量结果填入表 6-6 中。

表 6-6　测量结果

电路图	参数设置/测量结果	理论计算
U_{CC} 12V；R_2 500kΩ Key=A；R_C 1kΩ；R_B 100kΩ；C_2 50μF；U_o；R_1 100Ω；U_i；C_1 50μF；Q_1 2N2222A；R_L 1kΩ；U_j 0.01V（有效值）1000Hz 0°		

五、结果分析（见表 6-7）

表 6-7　结果分析表

项　　目	内　　容	备　　注
晶体管识别与测试		
基本放大电路的特性		
遇到的问题和解决方法		

评价反馈

表 6-8 考核评分表

任务名称	基本放大电路		姓名		学号		任务得分			
考核项目	考核内容	配分	评分标准				自评30%	互评30%	师评40%	得分
知识技能 30 分	能仔细阅读资讯材料，画出重点内容	5	优 5	良 4	合格 3	不合格 0				
	能借助信息化资源进行信息收集，自主学习	10	优 10	良 8	合格 6	不合格 0				
	能正确完成引导问题，写出完整答案	10	优 10	良 8	合格 6	不合格 0				
	能与老师进行交流，提出关键问题，有效互动	5	优 5	良 4	合格 3	不合格 0				
实操技能 50 分	严禁给晶体管引脚施加过高电压或电流，以免损坏晶体管	5	每次错误扣 5 分							
	测试方法错误或者电路接线错误	5	酌情扣 3~5 分							
	走线合理，折弯角度一致，避免出现交叉线、缠绕线、叠压线的现象	10	一处错误扣 1 分							
	整体布局合理美观	5								
	功能测试	15	运行步骤不正确扣 2 分，一次不成功扣 5 分							
	文明操作，工作台面清洁，工具摆放整齐，工作过程规范	5	违反有关规定，酌扣 2~4 分							
	时间定额，3h 按时完成	5	超时酌扣 3~5 分							
态度情感 20 分	态度端正，认真参与，有集体荣誉感和团队意识	5	优 5	良 4	合格 3	不合格 0				
	安全操作，无丢失元器件及故意损坏设备	10	优 10	良 8	合格 6	不合格 0				
	执行 8S 管理标准	5	优 5	良 4	合格 3	不合格 0				

任务总结

请简单总结任务的完成过程及一些心得体会。

任务二　迷你音响的设计与制作

任务工单

表 6-9　任务工单

任务信息	任务名称	迷你音响的设计与制作	姓　　名	
	班　　级		学　　号	
客户信息	姓　　名		使用年限	
	产品型号		任务日期	
客户需求	直流供电□　　交流供电□　　数字电路□ 大功率□　　　模拟电路□　　集成电路□ 其他： ✎_____			
任务内容	• 集成运放的原理及应用 • 迷你音响电路的制作			
任务目标	知识目标 • 掌握集成运放的基本知识 • 掌握集成功率放大器的主要参数 技能目标 • 能读懂集成运算放大器的使用手册 • 会安装、调试迷你音响电路 素养目标 • 安全规范、严谨细致、节约能源，勇于探索的科学态度 • 自主学习，主动完成任务内容，提炼学习重点 • 团结合作，主动帮助同学、善于协调工作关系			
任务重点	集成运放的基本知识、集成功率放大器基本知识			
任务难点	负反馈			
思政引导	工匠精神是一种严谨认真、精益求精、追求完美勇于创新的精神			
任务考核	学生自评 30%+学生互评 30%+教师评价 40%＝总评成绩			

知识储备

- 扫描二维码，观看集成运算放大器微课。
- 思政聚焦——新知新觉：在新时代大力弘扬工匠精神。

集成运算放大器

思政聚焦-新知新觉：在新时代大力弘扬工匠精神

【资讯】

一、集成运放

集成运算放大器是最早出现的模拟集成电路之一，常简称为集成运放或者运放，其外观与封装形式有关，比较常见的 DIP 封装运放 LM324 外观如图 6-9 所示。集成运放的引脚序号从左下角开始，逆时针增序排列，如图 6-10 所示。

图 6-9　运放 LM324

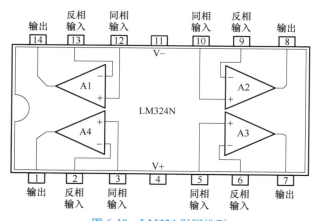

图 6-10　LM324 引脚排列

LM324 的电路符号如图 6-11 所示，图中引脚 3 为同相输入端（u_+），引脚 2 为反相输入端（u_-），引脚 1 为输出端（u_o），引脚 4 为正电源输入端（V_{CC}），引脚 11 为负电源输入端（V_{EE}）。

运放的输入、输出关系为

$$u_o = A_{od}(u_+ - u_-)$$

【引导问题】

问题 [6-7]　集成电路的发展历史是怎样的？

问题 [6-8]　如何识别判断集成电路 1 号引脚？

问题 [6-9]　图 6-10 中的集成电路中间画的符号是什么意思？

式中，A_{od}为开环差模电压放大倍数，A_{od}数值非常大，通常能达到10^6以上。

运放的输入电阻非常大，可以达到兆欧量级，所以通常可以认为

$$i_+ \approx i_- \approx 0$$

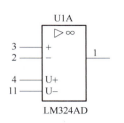

图 6-11 运放符号

随着频率的增加，放大电路的放大倍数会下降，单位增益带宽表示电压放大倍数下降到 1 时的频率，是描述放大电路带宽的参数，常见通用型运放的单位增益带宽一般在 1MHz 左右。

由于运放的开环电压放大倍数非常大，所以开环线性工作范围非常窄，即u_i非常小才能保证运放工作在线性放大状态，$u_i = u_+ - u_- \approx 0$，因此

$$u_+ \approx u_-$$

需要特别注意的是，这个公式仅在线性放大时才有效。

二、负反馈

反馈指将系统的输出信号的部分（或全部）经处理后回馈到输入端，与输入信号叠加，进而影响系统功能的结构。反馈可分为负反馈和正反馈。负反馈是指回馈信号与输入信号变化趋势相反，减小输入信号对输出的影响，使系统输出趋于稳定；正反馈使回馈信号增强输入信号的作用，输出变化更加强烈，系统容易崩溃。

反馈系统的框图如图 6-12 所示，图中，A 为放大电路，开环放大倍数为 A，F 为反馈网络，反馈系数（放大倍数）为 F，X_i 为输入信号，X_o 为输出信号，X_f 为反馈信号，X_i' 为净输入信号，图中所有量都是向量。

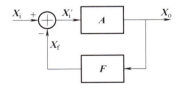

图 6-12 反馈系统框图

对反馈系统框图进行分析可知：

$$A_f = \frac{X_o}{X_i} = \frac{X_o}{X_i' + X_f} = \frac{\frac{X_o}{X_i'}}{\frac{X_i' + X_f}{X_i'}} = \frac{A}{1+AF}$$

问题 [6-10] 如何判断反馈类型？

问题 [6-11] 引入负反馈对电路系统有何影响？

若 $AF \gg 1$ 时，则 $1+AF \approx AF$，有

$$A_f = \frac{A}{1+AF} \approx \frac{A}{AF} = \frac{1}{F}$$

即在深度负反馈（$AF \gg 1$）的情况下，闭环放大倍数取决于反馈系数。

由于集成运放的 A 能达到 10^6 量级，在反馈系数不太小的情况下，一般都能满足 $AF \gg 1$，所以集成运放的闭环放大倍数由外围电阻决定，这就能极大地减少相关计算量。

三、集成运放典型应用电路

1. 线性应用

由于运放本身开环增益非常大，在常见输入信号幅度下会进入非线性区，所以需要引入深度负反馈才能使其工作在线性工作状态下。

遇到集成运放的电路，需要首先判断是否有负反馈，如果有负反馈，一般采用以下两个公式进行计算：

$$i_+ \approx i_- \approx 0$$

$$u_+ \approx u_-$$

图 6-13 为最简单的运放线性应用电路，该电路引入了深度负反馈，根据前述公式可知：

$$u_o = u_- = u_+ = u_i$$

图 6-14 为同相比例放大电路，电压放大倍数为

$$A_u = 1 + \frac{R_f}{R_1}$$

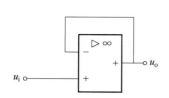

图 6-13　电压跟随器 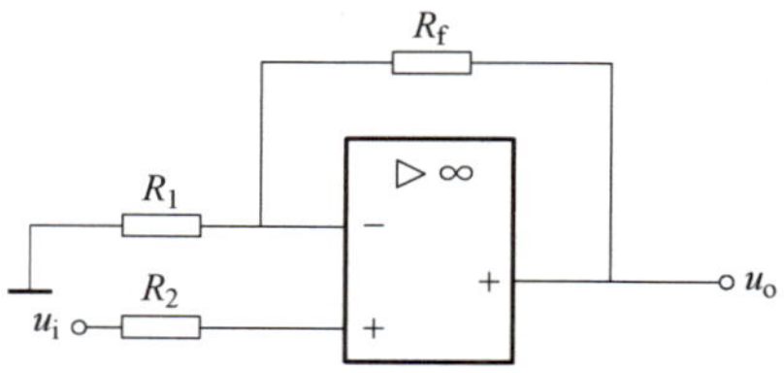　　　图 6-14　同相比例放大电路

图 6-15 为反相比例放大电路，电压放大倍数为

$$A_u = -\frac{R_f}{R_1}$$

2. 非线性应用

运放的非线性应用主要是指没有引入负反馈的应用，其中包括没有反馈的直接应用和引入正反馈的应用。

图 6-16 为最简单的比较器电路，当 U_i 比 U_R 高时，输出低电平，当 U_i 比 U_R 低时，输出高电平。

问题 [6-12] 我国集成电路发展现状如何？

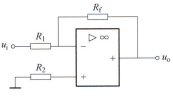

图 6-15　反相比例放大电路

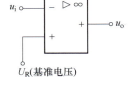

图 6-16　开环比较器

图 6-17 为运放开环应用的双门限比较器，描述其输出电压和输入电压关系的电压传输特性曲线如图 6-18 所示。

问题 [6-13] CS4836 的主要技术参数有哪些？

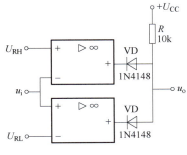

图 6-17　双门限比较器

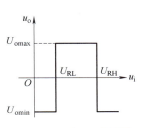

图 6-18　双门限比较器电压传输特性

图 6-19 为正反馈应用的集成运放，其功能为滞回比较器，电压传输特性曲线如图 6-20 所示。

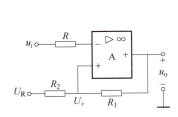

图 6-19　滞回比较器

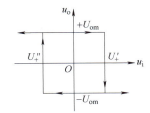

图 6-20　滞回比较器电压传输特性

四、集成功率放大器

功率放大器简称"功放"，是指在给定失真度的条件下，能产生最大功率输出以驱动负载的放大器。

因为 $P=UI$，所以增大功率的方法主要有：增大电压、增大电流、两者都增大等几种方法。比如，晶体管共射放大电路就是两者都放大,射极输出器是放大电流,共基极放大电路是放大电压。

按照放大器件的导通角,可以将放大电路分为甲类(A类)、乙类(B类)、甲乙类(AB类)、丙类(C类)等类型。一般来说,导通角越小,效率越高。

按照电路结构,功率放大器有OCL(无电容输出)、OTL(无输出变压器)、BTL(桥式推挽)等。

现在常用集成功率放大器主要有:耳机放大器、1~2W低功率放大器、12~45V电源电压中等功率放大器和50V以上的高功率放大器等。在低电压特别是单电源供电条件下,为了获得比较大的输出功率,多采用BTL电路形式和比较低的负载电阻(如4Ω、2Ω)。

CS4863为无锡中微爱芯电子有限公司生产的带立体声耳机功能的双2.2W音频功率放大器。外观如图6-21所示。

CS4863是双桥接的音频功率放大器。当电源电压为5V时,在保证总谐波失真、噪声失真之和小于1.0%的情况下,可向4Ω负载提供2.2W的输出功率或者可向3Ω负载提供2.5W的输出功率。另外,当驱动立体声耳机时,耳机输入端允许放大器工作在单端模式。

图6-21　CS4863外观

该系列音频功率放大器为表面贴装电路,只需极少的外围元器件,就能实现高品质的输出功率。对于简单的音频系统设计,CS4863片内集成了双桥扬声器放大和立体声耳机放大。

CS4863电路的特点为外部控制低功耗关断模式、立体声耳机放大模式,具有内部过热保护,并且在电路中减少了"开机浪涌脉冲"。主要应用于多媒体监视器、便携式和台式计算机、便携式电视。

任务实施

一、任务准备

从表 6-10 中选出任务过程中所需要的图样和设备，并查阅资料在图标下面注明参数。

表 6-10 设备工具清单

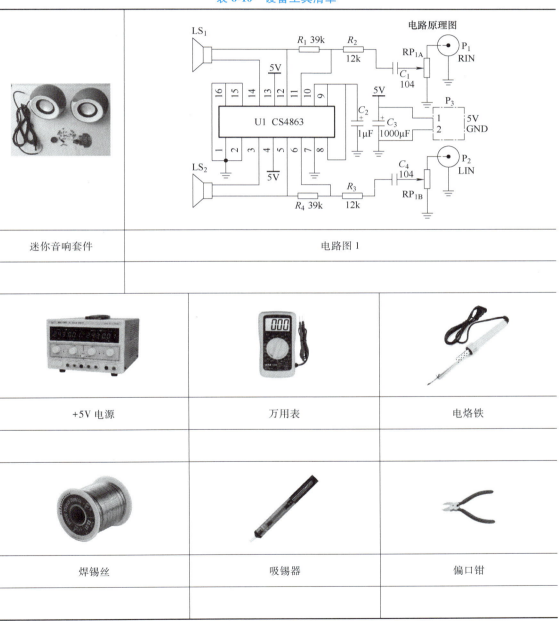

迷你音响套件	电路图 1
+5V 电源	万用表	电烙铁
焊锡丝	吸锡器	偏口钳

二、防护措施（见表6-11）

表6-11　防护措施

防护项目	具体内容	备注
个人安全防护	1. 工作人员尽量不佩戴影响操作的手表、首饰和其他配饰 2. 工作人员规范使用各种仪器仪表，一切按照既定流程操作	
设备安全防护	各仪器仪表是否在合格使用期内，并检测仪器仪表是否正常工作	检测仪器仪表名称：
场地安全防护	1. 场地安全标识到位 2. 现场灭火设施完善 3. 现场不相关设备，特别是影响作业设备清场	

三、任务分配（见表6-12）

表6-12　任务分配表

职　务	代　码	姓　名	工作内容
组长	A		
组员	B		
组员	C		
组员	D		

四、任务步骤

根据客户需求，识别并测试主要元器件，将测试结果填入表6-13中。

表6-13　元器件测试表

元器件（型号、符号）	测试结果	简述理由

安装调试迷你音响电路，并将测量结果填入表6-14中。

表6-14 迷你音响电路测试表

电路图	测量结果	总结和心得
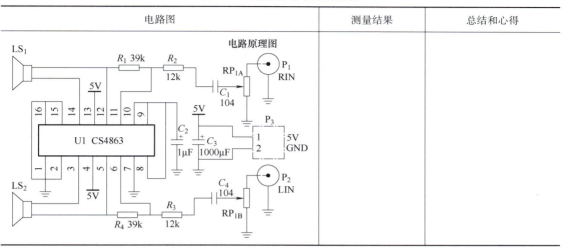		

五、结果分析（见表6-15）

表6-15 结果分析表

项　目	内　容	备　注
元器件识别与测试		
安装调试迷你音响电路的注意事项		
遇到的问题和解决方法		

 评价反馈

表6-16 考核评分表

任务名称	迷你音响的设计与制作		姓名		学号		任务得分		
考核项目	考核内容	配分	评分标准				自评30%	互评30%	师评40%	得分
知识技能30分	能仔细阅读资讯材料，画出重点内容	5	优5	良4	合格3	不合格0				
	能借助信息化资源进行信息收集，自主学习	10	优10	良8	合格6	不合格0				
	能正确完成引导问题，写出完整答案	10	优10	良8	合格6	不合格0				
	能与老师进行交流，提出关键问题，有效互动	5	优5	良4	合格3	不合格0				
实操技能50分	严禁给元器件引脚施加过高电压或电流，以免损坏元器件	5	每次错误扣5分							
	测试方法错误或者电路接线错误	5	酌情扣3~5分							
	走线合理，折弯角度一致，避免出现交叉线、缠绕线、叠压线的现象	10	每处错误扣1分							
	整体布局合理美观	5								
	功能测试	15	运行步骤不正确扣2分，每次不成功扣5分							
	文明操作，工作台面清洁，工具摆放整齐，工作过程规范	5	违反有关规定，酌扣2~4分							
	时间定额，3h按时完成	5	超时酌扣3~5分							
态度情感20分	态度端正，认真参与，有集体荣誉感和团队意识	5	优5	良4	合格3	不合格0				
	安全操作，无丢失元件及故意损坏设备	10	优10	良8	合格6	不合格0				
	执行8S管理标准	5	优5	良4	合格3	不合格0				

任务总结

请简单总结任务的完成过程及一些心得体会。

项目七 三人表决器的设计与制作

民主广泛存在，平等深入人心

民主决策的体现方式之一就是民主投票，传统投票常采用在纸质票上做标记的方法，这种方法需要有人进行唱票、监督、计票、复检等工作，流程复杂，耗时长，需要的人力较多。利用电子线路制作电子表决器，可以提高工作效率，在人民大会堂就采用了电子表决投票器。

- 思政聚焦——民主是社会主义核心价值观。

表决器一般可以分为按钮、传输线路、控制电路、显示器几个组成部分。显示器如图 7-1 所示。

本项目的目标是三人表决器的设计与制作。控制电路是核心部分，用来计量票数的多少。控制电路的复杂程度与投票总人数密切相关，最简单的投票一般是三人投票，票多者胜，三人表决器实物如图 7-1 所示。

思政聚焦-民主是社会主义
核心价值观

图 7-1 三人表决器

在具体的实施过程：
1) 门电路识别与检测，能够根据门电路型号查找数据手册并能测试其逻辑功能。
2) 分析组合电路，掌握组合电路的分析方法。
3) 根据电路图，完成三人表决器的组装、焊接以及电路功能测试。
4) 培养安全意识和严谨、规范的工作作风，有耐心和毅力分析解决工作过程中遇到的问题。

学完项目，学生可正确根据组合电路图分析其逻辑功能，能够在安全用电的前提下完成组装和焊接，单元任务考核达到合格水平。

任务一　门电路的识别与检测

 任务工单

表 7-1　任务工单

任务信息	任务名称	门电路的识别与检测		姓　　名	
	班　　级			学　　号	
客户信息	姓　　名			使用年限	
	产品型号			任务日期	
客户需求	直流供电□　　　交流供电□　　　数字电路□ 大功率□　　　　模拟电路□　　　集成电路□ 其他：				
任务内容	● 门电路的工作原理 ● 门电路的识别与测量				
任务目标	知识目标 ● 掌握二进制计数规律 ● 掌握逻辑代数基本知识 技能目标 ● 能用万用表测量电平高低 ● 会测试门电路的逻辑功能 素养目标 ● 安全规范、严谨细致、节约能源，勇于探索的科学态度 ● 自主学习，主动完成任务内容，提炼学习重点 ● 团结合作，主动帮助同学、善于协调工作关系				
任务重点	门电路的逻辑功能				
任务难点	门电路的电气参数				
思政引导	明辨是非，坚定信念				
任务考核	学生自评 30%+学生互评 30%+教师评价 40%＝总评成绩				

 知识储备

【资讯】

一、二进制

二进制

- 扫描二维码，观看二进制微课。

生活中最常见计数方式为十进制，比如考试分数。十进制的计数符号有：0，1，2，3，4，5，6，7，8，9。十进制计数规律为逢十进一。

在电路中使用二进制比较方便，如利用开关导通代表1，开关断开代表0；灯亮代表1，灯灭代表0。二进制的符号只有0和1，计数规律为逢二进一。

为了区别不同进制，通常使用下标来表示进制数，如
$$(1001)_2 = (9)_{10}$$

二进制和十进制之间可以进行转换，十进制整数转换为二进制的方法为：除二取余。

例如：在将$(19)_{10}$转换二进制时采用竖式除法，将余数写在右边：

```
2│19……1
2│ 9……1
2│ 4……0
2│ 2……0
    1……1
```

然后将余数按照从下向上的写法写出来就是对应的二进制结果：
$$(19)_{10} = (10011)_2$$

二进制转换为十进制的方法为：按权展开再求和。

例如：将$(10101)_2$转换为十进制时，先写成按权展开求和表达式，然后计算结果就得到了对应的十进制数值。
$$(10101)_2 = 1 \times 2^4 + 0 \times 2^3 + 1 \times 2^2 + 0 \times 2^1 + 1 \times 2^0$$
$$(10101)_2 = 16 + 4 + 1 = (21)_{10}$$

二、逻辑关系

● 扫描二维码，观看逻辑关系微课。

逻辑关系是数字电路的理论基础，逻辑关系没有大小的概念，比较常见的逻辑关系是因果关系、命题是否成立这类的概念。

逻辑关系

复杂的逻辑关系可以分解为简单的逻辑关系。最简单的逻辑关系只有与、或、非三种，这三种逻辑关系可以组合出千变万化的复杂逻辑关系。

与逻辑：决定一个结果是否为真的所有因素必须同时为真结果才为真。任何一个因素为假，结果就为假。

或逻辑：决定一个结果是否为真的所有因素中，任意一个或多个因素为真则结果为真。必须所有因素都为假，结果才为假。

【引导问题】

问题[7-1] 对时间计量的单位是什么？不同计量单位之间是什么进制？
_____
_____
_____

问题[7-2] 用十个手指最多可以表示多大的数值？
_____
_____
_____
_____
_____

问题[7-3] 什么是权？
_____
_____
_____
_____
_____

问题[7-4] 什么是二值逻辑？
_____
_____
_____
_____
_____

非逻辑：若决定一个结果是否为真的因素为真，结果为假。若因素为假，结果就为真。

为了便于书写或者运算，逻辑关系有一整套表示方法，比较常用的有真值表、表达式、逻辑图等。

与逻辑的真值表见表 7-2。与逻辑符号如图 7-2 所示。

表 7-2　与逻辑真值表

A	B	Y
0	0	0
0	1	0
1	0	0
1	1	1

与逻辑的表达式：$Y = A \cdot B$

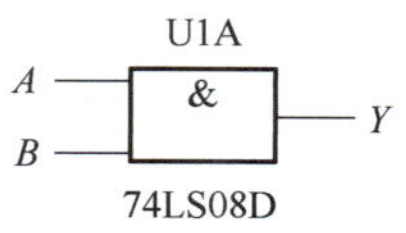

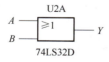

图 7-2　与逻辑符号

或逻辑的真值表见表 7-3。或逻辑符号如图 7-3 所示。

表 7-3　或逻辑真值表

A	B	Y
0	0	0
0	1	1
1	0	1
1	1	1

或逻辑的表达式：$Y = A + B$

图 7-3　或逻辑符号

非逻辑的真值表见表 7-4。非逻辑符号如图 7-4 所示。

表 7-4　非逻辑真值表

A	Y
0	1
1	0

非逻辑的表达式：$Y=\overline{A}$

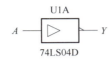

图 7-4 非逻辑符号

三、门电路识别

- 扫描二维码，观看门电路识别微课。

门电路是能够实现简单逻辑功能的实际集成电路。门电路按照电路结构一般分为双极型器件和单极型器件，双极型器件主要是指内部采用晶体管（BJT）的 TTL 系列集成电路，典型代表有 74LSXX 系列和 54LSXX 系列；单极型器件主要是指内部采用场效应晶体管（CMOS）的集成电路，现在常见的有 74HCXX 系列和 4000 系列。

门电路识别

根据封装形式的不同，集成门电路的外观差距较大，比较常见的双列直插门电路外观如图 7-5 所示。

集成电路的引脚数量较多，为了快速定位，常对引脚进行编号，编号的规律是从有标记的脚开始，逆时针递增排序。以图 7-6 为例，图中左侧有缺口为标记，则左下角为 1 脚，向右按逆时针依次递增，到左上 14 为止。

图 7-5 双列直插封装的门电路

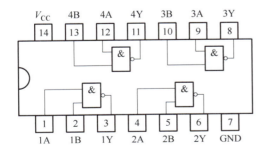

图 7-6 门电路引脚排列顺序

通常集成电路中会根据集成空间大小和引脚数量，在集成电路中制作一个或多个门电路，如图 7-6 中就集成了四个互相独立的与非门电路。

一个集成电路的功能可以根据其型号查找数据手册确定，集成电路的型号都印刷在集成电路的表面，正确快速识别集成电路型号是一项重要的基本技能。

除了基本逻辑功能的门电路外，常见的各种组合功能都有对应的集成电路型号，比如与非门 74LS00、或非门 74LS27、异或门 74LS386、与或非门 74LS55 等。

四、门电路电气参数

● 扫描二维码，观看门电路电气参数微课。

门电路电气参数

问题 [7-5] 74HC00 的电源电压是多少？输出高电平的电压是多少？输出低电平的电压？

_____
_____
_____
_____
_____

1. 电源电压

TTL 门电路的电源电压一般为+5V，允许误差为 0.5V。

CMOS 门电路 4000 系列的电源电压可以在 3～18V 范围内任意选择。74HC 系列的电源电压为+5V，允许误差为 0.5V。

2. 输出高电平电压 U_{OH}

TTL 门电路 U_{OH} 的理论值为 3.6V，产品规定输出高电压的最小值 $U_{OH}(\min)=2.4V$，即大于 2.4V 的输出电压就可称为输出高电平。

CMOS 门电路输出高电平电压理论值等于电源电压。

3. 输出低电平电压 U_{OL}

TTL 门电路 U_{OL} 的理论值为 0.3V，产品规定输出低电压的最大值 $U_{OL}(\max)=0.4V$，即小于 0.4V 的输出电压就可称为输出低电平。

CMOS 门电路输出低电平电压理论值等于 0。

4. 阈值电压 U_{th}

阈值电压是决定电路截止和导通的分界线，也是决定输出高、低电压的分界线。U_{th} 的值为 1.3～1.4V。

5. 门电路的电流

流入门电路的电流称为灌电流，一般以正值计，流出门电路的电流称为拉电流，以负值计。TTL 门电路输出端带动灌电流负载的能力比较强，带动拉电流负载的能力比较弱，如果带动发光二极管常采用灌电流的方式。CMOS 门电路输出端带动拉电流负载和灌电流负载的能力相同，一般弱于 TTL 门电路的灌电流负载能力。

6. 扇出系数

扇出系数是指门电路所能驱动同类门的个数。不同系列的门电路扇出系数有所不同，需要查阅数据手册，通常 TTL 门电路扇出系数比 CMOS 门电路小，常见 TTL 门电路为 8~10，常见 CMOS 门电路扇出系数一般为 20~25。

7. 噪声容限

门电路的输出高低电平不是一个值，而是一个范围。同样，它的输入高低电平也有一个范围。噪声容限是指在前一级门电路输出为最坏的情况下，为保证后一极正常工作，所允许的最大噪声幅度。

TTL 门电路噪声容限为 0.4V，CMOS 门电路的噪声容限与电源电压直接相关，略小于电源电压的一半，约为 0.45 倍的电源电压。

任务实施

一、任务准备

从表 7-5 中选出任务过程中所需要的图样和设备，并查阅资料在图标下面注明参数。

表 7-5　设备工具清单

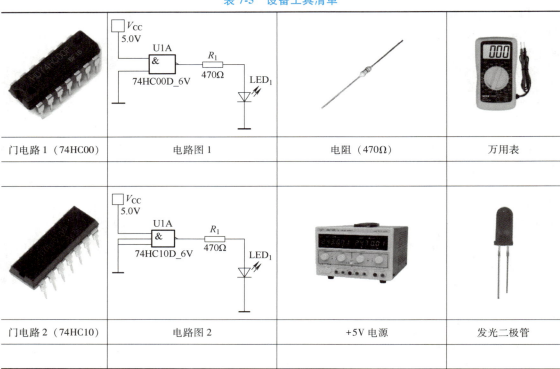

| 门电路 1（74HC00） | 电路图 1 | 电阻（470Ω） | 万用表 |
| 门电路 2（74HC10） | 电路图 2 | +5V 电源 | 发光二极管 |

二、防护措施（见表 7-6）

表 7-6　防护措施

防护项目	具体内容	备注
个人安全防护	1. 工作人员尽量不佩戴影响操作的手表、首饰和其他配饰 2. 工作人员规范使用各种仪器仪表，一切按照既定流程操作 3. 注意元器件引脚扎到手	
设备安全防护	1. 各仪器仪表是否在合格使用期内，并检测仪器仪表是否正常工作 2. 检查集成电路是否有引脚断裂或弯曲情况	
场地安全防护	1. 场地安全标识到位 2. 现场灭火设施完善 3. 现场不相关设备，特别是影响作业设备清场	

三、任务分配（见表7-7）

表7-7 任务分配表

职　务	代　码	姓　名	工作内容
组长	A		
组员	B		
	C		
	D		

四、任务步骤

根据客户需求，讨论选定门电路的测试电路图见表7-8，并简述理由填入表中。

表7-8 选定门电路测试电路图

门电路测试电路图	结　果	简述理由
V_{CC} 5.0V，U1A 74HC00D_6V，R_1 470Ω，LED_1		
V_{CC} 5.0V，U1A 74HC10D_6V，R_1 470Ω，LED_1		

分析门电路逻辑功能，检索数据手册，相关电气参数填入表7-9中。

表7-9 门电路相关电气参数

门电路型号	相关电气参数	简述参数含义

五、结果分析（见表 7-10）

表 7-10 结果分析表

项　　目	内　　容	备　　注
门电路特性		
门电路使用时注意事项		
遇到的问题和解决方法		

项目七　三人表决器的设计与制作

评价反馈

表 7-11　考核评分表

任务名称	门电路的识别与检测		姓名		学号		任务得分			
考核项目	考核内容	配分	评分标准				自评30%	互评30%	师评40%	得分
知识技能 30 分	能仔细阅读资讯材料，画出重点内容	5	优 5	良 4	合格 3	不合格 0				
	能借助信息化资源进行信息收集，自主学习	10	优 10	良 8	合格 6	不合格 0				
	能正确完成引导问题，写出完整答案	10	优 10	良 8	合格 6	不合格 0				
	能与老师进行交流，提出关键问题，有效互动	5	优 5	良 4	合格 3	不合格 0				
实操技能 50 分	严禁装反集成电路电源引脚	5	错误扣 5 分							
	损坏集成电路引脚	5	引脚弯曲一处扣 1 分							
	电源电压不符合要求	5	酌情扣 3~5 分							
	走线合理，导线高度一致，折弯角度一致，避免出现交叉线、缠绕线、叠压线的现象	5	一处错误扣 1 分							
	整体布局合理美观	5								
	功能测试	15	运行步骤不正确扣 2 分，一次不成功扣 5 分							
	文明操作，工作台面清洁，工具摆放整齐，工作过程规范	5	违反有关规定，酌扣 2~4 分							
	时间定额，3h 按时完成	5	超时酌扣 3~5 分							
态度情感 20 分	态度端正，认真参与，有集体荣誉感和团队意识	5	优 5	良 4	合格 3	不合格 0				
	安全操作，无丢失元器件及故意损坏设备	10	优 10	良 8	合格 6	不合格 0				
	执行 8S 管理标准	5	优 5	良 4	合格 3	不合格 0				

任务总结

请简单总结任务的完成过程及一些心得体会。

任务二 三人表决器安装测试

任务工单

表 7-12 任务工单

任务信息	任务名称	三人表决器安装测试	姓　　名	
	班　级		学　　号	
客户信息	姓　名		使用年限	
	产品型号		任务日期	
客户需求	直流供电□　　　　交流供电□　　　　数字电路□ 大功率□　　　　　模拟电路□　　　　集成电路□ 其他： _____			
任务内容	• 组合电路的分析方法 • 组合电路的安装与测试			
任务目标	知识目标 • 掌握组合电路的分析方法 • 掌握组合电路的测试方法 技能目标 • 能按照原理图安装组合电路 • 会测试组合电路的逻辑功能 素养目标 • 安全规范、严谨细致、节约能源，勇于探索的科学态度 • 自主学习，主动完成任务内容，提炼学习重点 • 团结合作，主动帮助同学、善于协调工作关系			
任务重点	组合电路的分析方法			
任务难点	组合电路的分析方法			
思政引导	科学民主决策制度是实行民主集中制的重要环节			
任务考核	学生自评 30%+学生互评 30%+教师评价 40%＝总评成绩			

• 思政聚焦——科学民主决策。

思政聚焦-科学民主决策

【资讯】

一、组合电路

数字电路一般分为组合逻辑电路和时序逻辑电路两大类，组合电路是组合逻辑电路的简称。

组合电路一般由简单的门电路组合而成，在结构上没有反馈和记忆单元，在逻辑功能上没有存储或记忆功能。组合逻辑电路在任何时刻，输出状态只决定于当时的输入信号，与以前的状态无关，也与其他时刻的状态无关。

利用组合电路解决实际问题需要以下几个步骤：
1）分析问题，逻辑变量定义和赋值。
2）填写真值表。
3）写出表达式。
4）表达式化简、变换。
5）绘制逻辑图。
6）仿真验证。
7）搭建实际电路验证。

二、真值表与表达式间的转换

● 扫描二维码，观看真值表与表达式间的转换微课。

真值表中的 0 表示反变量，1 表示原变量，每一行表示一个与逻辑项，也称为最小项，整个逻辑函数的表达式就是这些最小项的逻辑和（或运算）。

表 7-13 的表达式：$Y = \overline{A} \cdot B + A \cdot B$

也可写成：$Y = \overline{A} \cdot \overline{B} + A \cdot \overline{B}$

这两个表达式等价。

真值表与表达式间的转换

【引导问题】

问题 [7-6] 常见的门电路有哪些？
_____
_____
_____
_____

问题 [7-7] 如何进行逻辑变量定义？如何赋值？
_____
_____
_____
_____
_____

问题 [7-8] 什么是原变量？什么是反变量？
_____
_____
_____
_____
_____

表 7-13 真值表

A	B	Y
0	0	0
0	1	1
1	0	0
1	1	1

在将表达式转换为真值表时也是同样的方法,比如表达式:

$$Y=\overline{A} \cdot B+C$$

在真值表中,所有 A 为 0 且 B 为 1 的行,Y 都为 1,另外,所有 C 为 1 的行,Y 也为 1,剩下的 Y 都是 0。真值表见表 7-14 所示。

表 7-14 真值表

A	B	C	Y
0	0	0	0
0	0	1	1
0	1	0	1
0	1	1	1
1	0	0	0
1	0	1	1
1	1	0	0
1	1	1	1

三、表达式与逻辑图间的转换

• 扫描二维码,观看表达式与逻辑图间的转换微课。

表达式与逻辑图间的转换

逻辑图是逻辑电路图的简称,实际制作的电子设备必须依据电路图进行元器件连接,所以逻辑电路图必不可少。

表达式书写简便,便于化简变换,是最常用的描述逻辑关系工具之一。

在设计组合电路时,需要将表达式转换为逻辑图;在分析组合电路时,需要将逻辑图变换为表达式。

因为表达式是变量(原变量、反变量)通过与、或、非运算符号连接的,而与、或、非都有门电路与之对应,所以表达式和逻辑图之间的转换非常方便。

表达式转换为逻辑图时,只需要将表达式中的运算符号用门电路的逻辑图符号替换,按照从输入到输出的次序,从左到右依次绘制即可。

例如:表达式 $Y=\overline{A} \cdot B+C$ 对应的逻辑图如图 7-7 所示。

逻辑图转换为表达式时,只需要将逻辑图中门电路符号替换为表达式中的运算,按照从输入到输出的次序,逐级写出表达式即可得到最终输出的表达式。

问题 [7-9] 为什么逻辑图的输入一般在左边,输出在右边?有没有别的情况?

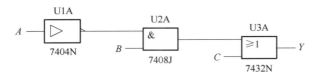

图 7-7 逻辑图

例如：三人表决器的逻辑图如图 7-8 所示。

表达式为：

$$Y=\overline{\overline{A \cdot B} \cdot \overline{A \cdot C} \cdot \overline{B \cdot C}}$$

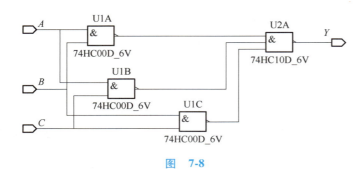

图 7-8

四、组合电路的分析方法

- 扫描二维码，观看组合电路的分析方法微课。

组合电路的
分析方法

组合电路在分析时，经常需要以下几个步骤：

1）根据逻辑图写表达式。

2）表达式化简。

3）将表达式填入真值表。

4）分析表达式和真值表，指出其逻辑功能。

根据前面的例子可知，有时候表达式会有不同的写法，有时候非常复杂，不容易转换为真值表，直接绘制逻辑图的时候会导致所用元器件数量过多，制造电子设备成本增大，降低设备的可靠性，增加功耗，不利于节能环保。

表达式的化简常用的有公式法、计算机辅助法、卡诺图法等。

常用的公式有：

$\overline{A} \cdot A=0 \quad A \cdot A=A \quad A \cdot 1=A \quad A \cdot 0=0$

$\overline{A}+A=1 \quad A+A=A \quad A+1=1 \quad A+0=A$

$$\bar{\bar{A}} = A$$
$$A + AB = A$$
$$A + \bar{A}B = A + B$$
$$A + BC = (A+B) \cdot (A+C)$$
$$AB + \bar{A}C + BC = AB + \bar{A}C$$

摩根定理：
$$\overline{AB} = \bar{A} + \bar{B}$$
$$\overline{A+B} = \bar{A} \cdot \bar{B}$$

问题 [7-10] 如何证明这些公式？

_____
_____
_____
_____
_____

电工电子技术项目实践

 任务实施

一、任务准备

从表 7-15 中选出任务过程中所需要的图样和设备,并查阅资料在图标下面注明参数。

表 7-15 设备工具清单

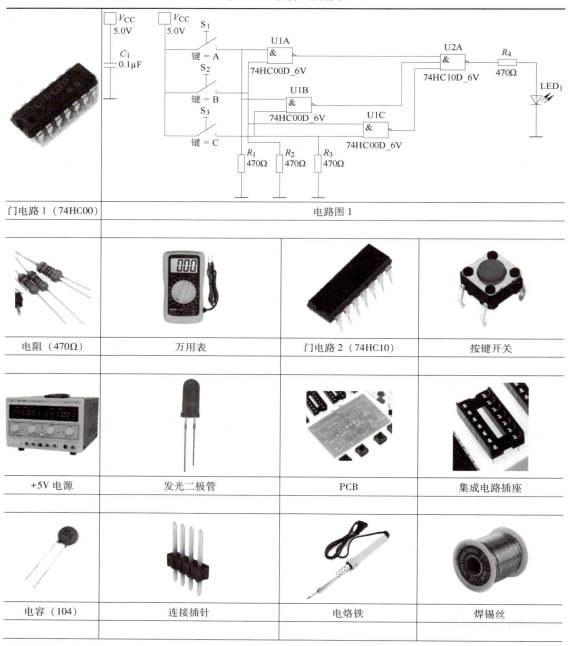

门电路1(74HC00)	电路图1		
电阻(470Ω)	万用表	门电路2(74HC10)	按键开关
+5V 电源	发光二极管	PCB	集成电路插座
电容(104)	连接插针	电烙铁	焊锡丝

（续）

吸锡器	偏口钳		

二、防护措施（见表 7-16）

表 7-16　防护措施

防护项目	具体内容	备　注
个人安全防护	1. 工作人员尽量不佩戴影响操作的手表、首饰和其他配饰 2. 工作人员规范使用各种仪器仪表，一切按照既定流程操作 3. 注意元器件引脚扎到手 4. 避免电烙铁烫伤	
设备安全防护	1. 各仪器仪表是否在合格使用期内，并检测仪器仪表是否正常工作 2. 检查集成电路是否有引脚断裂或弯曲情况	
场地安全防护	1. 场地安全标识到位 2. 现场灭火设施完善 3. 现场不相关设备，特别是影响作业设备清场	

三、任务分配（见表 7-17）

表 7-17　任务分配表

职　务	代　码	姓　名	工作内容
组长	A		
组员	B		
	C		
	D		

四、任务步骤

根据客户需求，讨论选定三人表决器测试电路图，并简述理由，填入表 7-18 中。

表 7-18　三人表决器测试电路图

三人表决器测试电路图	结　果	简述理由

分析三人表决器集成电路逻辑功能，填入表 7-19 中。

表 7-19　三人表决器集成电路逻辑功能

三人表决器中所用集成电路型号	集成电路逻辑功能	整体电路功能

五、结果分析（见表 7-20）

表 7-20　结果分析表

项　　目	内　　容	备　　注
元器件识别与检测		
焊接三人表决器的注意事项		
通电调试步骤和注意事项		
遇到的问题和解决方法		

项目七 三人表决器的设计与制作

评价反馈

表 7-21 考核评分表

任务名称	三人表决器安装测试		姓名		学号		任务得分	
考核项目	考核内容	配分	评分标准				自评 30%	互评 30%	师评 40%	得分
知识技能 30 分	能仔细阅读资讯材料，画出重点内容	5	优 5	良 4	合格 3	不合格 0				
	能借助信息化资源进行信息收集，自主学习	10	优 10	良 8	合格 6	不合格 0				
	能正确完成引导问题，写出完整答案	10	优 10	良 8	合格 6	不合格 0				
	能与老师进行交流，提出关键问题，有效互动	5	优 5	良 4	合格 3	不合格 0				
实操技能 50 分	严禁装反集成电路电源引脚	5	错误扣 5 分							
	损坏集成电路引脚	5	引脚弯曲一处扣 1 分							
	电源电压不符合要求	5	酌情扣 3~5 分							
	走线合理，导线高度一致，折弯角度一致，避免出现交叉线、缠绕线、叠压线的现象	5	一处错误扣 1 分							
	整体布局合理美观	5								
	功能测试	15	运行步骤不正确扣 2 分，一次不成功扣 5 分							
	文明操作，工作台面清洁，工具摆放整齐，工作过程规范	5	违反有关规定，酌扣 2~4 分							
	时间定额，3h 按时完成	5	超时酌扣 3~5 分							
态度情感 20 分	态度端正，认真参与，有集体荣誉感和团队意识	5	优 5	良 4	合格 3	不合格 0				
	安全操作，无丢失元器件及故意损坏设备	10	优 10	良 8	合格 6	不合格 0				
	执行 8S 管理标准	5	优 5	良 4	合格 3	不合格 0				

任务总结

请简单总结任务的完成过程及一些心得体会。

08 项目八 数字秒表的设计与制作

直观显示时间，准确把控节奏

电子秒表是一种电子计时器，一般是利用石英振荡器的振荡频率作为时间基准，采用 LED 或液晶数字显示时间，广泛用于运动比赛、健身房、生物科研以及家用电器延时自动关机等场所，如图 8-1 所示。数字秒表的设计使人们对于时间有了更直观，更精确的认识，那么一个简易的数字秒表是如何设计制作的呢？这就是本项目要完成的任务。

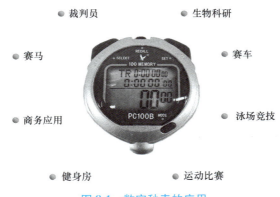

图 8-1 数字秒表的应用

本项目的目标是数字秒表的设计与制作。在具体的实施过程：
1) 掌握数字秒表的组成、工作原理及各单元电路的功能；
2) 能识别所用到的元器件并用万用表检测好坏；
3) 能独立组装焊接数字秒表电路；
4) 能根据故障现象，分析、判断数字秒表电路故障原因并调试电路；
5) 培养安全意识和严谨、规范的工作作风，有耐心和毅力分析解决工作过程中遇到的问题。

学完项目内容，学生可根据数字秒表电路进行时钟电路的设计并解决电路上的问题。引导学生做诚实守信的时代青年，弘扬中华民族传统美德，践行社会主义核心价值观。

任务一　触发器的认知及逻辑功能测试

 **任务工单**

表 8-1　任务工单

任务信息	任务名称	触发器的认知及逻辑功能测试		姓　　名	
	班　　级			学　　号	
客户信息	姓　　名			使用年限	
	产品型号			任务日期	
客户需求	✎＿＿＿＿＿＿＿＿＿＿＿＿＿＿＿＿＿＿＿＿＿＿＿＿＿＿＿＿＿＿＿＿				
任务内容	● 同步 RS、同步 JK、同步 D 触发器的电路组成及逻辑功能 ● 边沿触发器的逻辑符号及功能特点 ● 集成 D 触发器 74LS74 和集成 JK 触发器 74LS112 的逻辑功能测试				
任务目标	知识目标 ● 熟悉并理解触发器的有关概念 ● 掌握基本 RS 触发器的逻辑功能，了解其简单应用 ● 熟悉同步 RS 触发器的电路组成及逻辑功能 ● 理解同步 JK、同步 D 触发器的逻辑功能 ● 了解同步触发器存在的空翻及振荡现象 ● 熟悉边沿触发器的逻辑符号及功能特点 ● 熟悉集成 D 和集成 JK 触发器的逻辑功能 技能目标 ● 能正确识读集成触发器各引脚 ● 能独立完成触发器的逻辑功能测试 素养目标 ● 安全规范、严谨细致，一丝不苟的科学态度 ● 自主学习，主动完成任务内容，提炼学习重点 ● 团结合作，主动帮助同学、善于协调工作关系				
任务重点	触发器的结构和逻辑功能				
任务难点	触发器的逻辑功能分析				
思政引导	科学继承已知成果、勇于创新				
任务考核	学生自评 30%＋学生互评 30%＋教师评价 40%＝总评成绩				

【资讯】

在各种复杂的数字电路中,不但需要对二进制信号进行数值运算和逻辑运算,还经常需要将运算结果保存下来。因此,需要使用具有记忆功能的逻辑电路。而触发器就是一种能够存储数字信息,具有记忆功能的基本逻辑单元,它能够存储一位二进制信息,是组成时序逻辑电路的基础。

- 思政聚焦——创新:思维改变世界。

一、RS 触发器

- 扫描二维码,观看 RS 触发器微课。

思政聚焦-创新:
思维改变世界

RS 触发器

1. 基本 RS 触发器

(1)电路结构与逻辑符号

基本 RS 触发器又称基本触发器,它可由两个与非门交叉耦合组成,如图 8-2a 所示。它有两个输入端 $\bar{R}$、$\bar{S}$ 和一对互补输出端 Q、$\bar{Q}$,其逻辑符号如图 8-2b 所示。

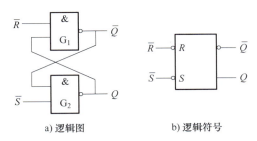

a) 逻辑图   b) 逻辑符号

图 8-2 基本 RS 触发器

(2)工作原理

1)$\bar{R}=0$、$\bar{S}=1$ 时:由于 $\bar{R}=0$,不论原来 Q 为 0 还是 1,

【引导问题】

问题 [8-1] 触发器是具有什么功能的基本逻辑单元?

问题 [8-2] 触发器是组成哪种电路的基础?

问题 [8-3] 图 8-2 中基本 RS 触发器是由哪种门电路构成的?

问题 [8-4] 基本 RS 触发器的复位端和置位端分别是哪个端子?

都有 $\overline{Q}=1$；再由 $\overline{S}=1$、$Q=1$ 可得 $Q=0$。即不论触发器原来处于什么状态都将变成 0 状态，这种情况称将触发器置 0 或复位。$\overline{R}$ 端称为触发器的置 0 端或复位端。

2）$\overline{R}=1$、$\overline{S}=0$ 时：由于 $\overline{S}=0$，不论原来 $\overline{Q}$ 为 0 还是 1，都有 $Q=1$；再由 $\overline{R}=1$、$Q=1$ 可得 $\overline{Q}=0$。即不论触发器原来处于什么状态都将变成 1 状态，这种情况称将触发器置 1 或置位。$\overline{S}$ 端称为触发器的置 1 端或置位端。

3）$\overline{R}=1$、$\overline{S}=1$ 时：根据与非门的逻辑功能不难推知，触发器保持原有状态不变，即原来的状态被触发器存储起来，这体现了触发器具有记忆能力。

4）$\overline{R}=0$、$\overline{S}=0$ 时：$Q=\overline{Q}=1$，不符合触发器的逻辑关系。并且由于与非门延迟时间不可能完全相等，在两输入端的 0 同时撤除后，将不能确定触发器是处于 1 状态还是 0 状态。所以触发器不允许出现这种情况，这就是基本 RS 触发器的约束条件。

（3）逻辑功能描述

1）真值表：也叫特性表。是表示触发器的次态 Q^{n+1} 与其现态 Q^n 及触发信号之间关系的真值表。基本 RS 触发器的真值表见表 8-2。

表 8-2 基本 RS 触发器真值表

$\overline{R}$ $\overline{S}$	Q^n	Q^{n+1}	功能
0　0	0	×	禁止
0　0	1	×	
0　1	0	0	复位
0　1	1	0	
1　0	0	1	置位
1　0	1	1	
1　1	0	0	保持
1　1	1	1	

2）特征方程（特性方程）：是描述触发器逻辑功能的次态函数表达式。

根据表 8-2 画出 Q^{n+1} 的卡诺图，如图 8-3 所示。

问题［8-5］ 在什么样的条件下触发器具有记忆能力？

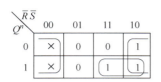

图 8-3 卡诺图

经卡诺图化简后可得基本 RS 触发器的特征方程为

$$\begin{cases} Q^{n+1}=S+\bar{R}Q^n \\ RS=0(约束条件) \end{cases}$$

3）状态转换图：是描述触发器状态转换规律的图形。基本 RS 触发器的状态转换图如图 8-4 所示。

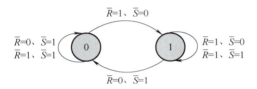

图 8-4 状态转换图

图 8-4 中两个圆圈分别代表触发器的两个稳定状态，箭头表示在输入信号作用下状态转移的方向，箭头旁边的标注表示状态转换时的条件。

4）时序图：反映触发器输入信号取值和状态之间对应关系的图形称为时序图。基本 RS 触发器的时序图如图 8-5 所示。

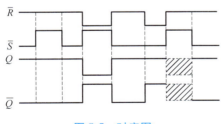

图 8-5 时序图

2. 同步 RS 触发器

（1）电路结构与逻辑符号

同步 RS 触发器是在基本 RS 触发器的基础上增加了两个由时钟脉冲 CP 控制的门 G_3 和 G_4 组成。如图 8-6a 所示。其逻辑符号如图 8-6b 所示。

问题［8-6］ 由特征方程可知，触发器的输出不仅与当前的输入状态有关，还与什么有关？

_____
_____
_____
_____

问题［8-7］ 由状态转换图 8-4 可以看出，当触发器处在 0 状态（$Q^n=0$）时，若输入信号为____或____，触发器仍为 0 状态；若输入信号为____，触发器就会翻转成为 1 状态。

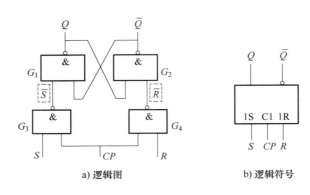

a) 逻辑图　　　　　b) 逻辑符号

图 8-6　同步 RS 触发器

问题 [8-8]　图 8-6 中 CP 是什么输入端？CP 是什么信号时，同步 RS 触发器工作情况与基本 RS 触发器相同？

(2) 工作原理

1) $CP=0$ 时，$R=S=1$，触发器保持原来状态不变。

2) $CP=1$ 时，

$R=S=0$ 时：触发器状态保持不变；

$R=0$，$S=1$ 时：触发器置 1；

$R=1$，$S=0$ 时：触发器置 0；

$R=S=0$ 时：$Q=\overline{Q}=1$，触发器状态不定（不允许）。

(3) 逻辑功能描述

1) 真值表。

由工作原理分析可得同步 RS 触发器的真值表见表 8-3。

表 8-3　同步 RS 触发器真值表

R　S	Q^n	Q^{n+1}	逻辑功能
0　0	0	0	保持
0　0	1	1	
0　1	0	1	置位
0　1	1	1	
1　0	0	0	复位
1　0	1	0	
1　1	0	×	禁止
1　1	1	×	

问题 [8-9]　试根据同步 RS 触发器真值表画出同步 RS 触发器的状态转换图和时序图。

2) 特征方程（特性方程）。

根据表 8-3 可画出卡诺图如图 8-7 所示。

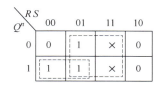

图 8-7 卡诺图

由此得特征方程为

$$\begin{cases} Q^{n+1} = S + \overline{R}Q^n\ (CP=1\ 期间有效) \\ RS = 0\ (约束条件) \end{cases}$$

二、D 触发器

D 触发器是将同步 RS 触发器加到 S 端的输入信号经非门取反后再加到 R 输入端构成的单输入的触发器。

1. 同步 D 触发器

（1）电路结构和逻辑符号（见图 8-8）

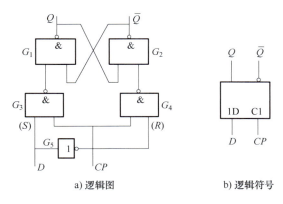

a) 逻辑图　　　　　b) 逻辑符号

图 8-8 同步 D 触发器

问题 [8-10]　D 触发器电路由 4 个＿＿＿＿＿组成，其中 G_1、G_2、G_3 和 G_4 构成＿＿＿＿＿触发器。电路中 G_5 的作用是什么？

＿＿＿＿＿＿＿＿＿＿＿＿
＿＿＿＿＿＿＿＿＿＿＿＿
＿＿＿＿＿＿＿＿＿＿＿＿
＿＿＿＿＿＿＿＿＿＿＿＿

（2）工作原理

1) 当 $CP=0$ 时，G_3 和 G_4 门输出均为 1，触发器保持原状态不变。

2) 当 $CP=1$ 时，G_3 和 G_4 门可接受 D 输入信号：

当 $D=0$ 时，$S=0$，$R=1$，则根据同步 RS 触发器的特性可知，触发器置 0；

当 $D=1$ 时，$S=1$，$R=0$，则触发器置 1。

（3）逻辑功能描述

1) 真值表。

由工作原理分析得到 D 触发器的真值表见表 8-4。

表 8-4　D 触发器真值表

D	Q^n	Q^{n+1}	逻辑功能
0	0	0	置 0
0	1	0	
1	0	1	置 1
1	1	1	

问题[8-11]　试根据 D 触发器真值表画出 D 触发器的状态转换图。

D 触发器的次态跟随 D 信号变化。

2）特征方程（特性方程）。

$$Q^{n+1} = D \quad (CP = 1)$$

D 触发器的次态取决于触发前 D 端的状态。

3）时序图。

同步 D 触发器时序图如图 8-9 所示。

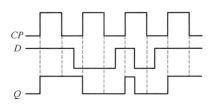

图 8-9　同步 D 触发器时序图

$CP = 0$ 时，同步触发器状态不变；
$CP = 1$ 时，同步触发器状态翻到和 D 的状态相同。

问题[8-12]　同步触发器在 $CP = 1$ 期间是否会发生多次反转（空翻）？

2. 边沿 D 触发器

边沿触发器只在 CP 脉冲的上升沿或下降沿时刻接收输入信号而改变输出状态，在 CP 脉冲其他时刻触发器将保持输出状态不变。边沿触发器有 TTL 型和 CMOS 型两大类，还可根据触发方式分为上升沿和下降沿等。

（1）边沿 D 触发器逻辑符号（见图 8-10）

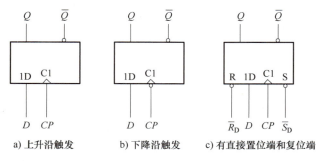

a）上升沿触发　　b）下降沿触发　　c）有直接置位端和复位端

图 8-10　边沿 D 触发器

问题[8-13]　逻辑符号中的"△"形和小圆圈表示什么？

（2）边沿 D 触发器时序图（见图 8-11）

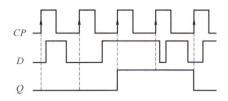

图 8-11 边沿 D 触发器时序图

由图 8-11 时序图可知：

1) 只有在 CP 上升沿到达时刻触发器才会接收 D 端的输入信号而改变到和 D 相同的状态。因此，Q 端输出波形的变化与 CP 上升沿到达发生在同一时刻。

2) 在 CP 一个周期内，只有一个上升沿，触发器状态只能改变一次。

问题 [8-14] 边沿 D 触发器是否存在空翻现象？

三、JK 触发器

● 扫描二维码，观看 JK 触发器微课。

1. 同步 JK 触发器

（1）电路结构和逻辑符号

同步 JK 触发器从结构上看是将同步 RS 触发器的输出端交叉反馈引回至输入端。如图 8-12 所示。

JK 触发器

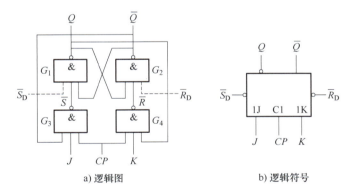

a) 逻辑图　　　　　　b) 逻辑符号

图 8-12 同步 JK 触发器

（2）工作原理

1) 当 $CP=0$ 时，G_3 和 G_4 门输出均为 1，此时无论 J、K 值如何变化，触发器保持原状态不变。

2) 当 $CP=1$ 时，触发器次态取决于 J、K 的值以及电路的现态。

问题 [8-15] 当 $CP=1$ 时，无论 Q^n 为何种状态，只要 $J=0$，$K=1$，触发器次态均为_____。只要 $J=1$，$K=0$，触发器次态均为_____。

① $J=K=0$ 时：G_3 和 G_4 门输出均为 1，触发器保持原状态不变。

② $J=0$，$K=1$ 时：G_3 门输出为 1，此时，若 $Q^n=0$，则 G_4 门输出均为 1，触发器保持 0 态不变；若 $Q^n=1$，则 G_4 门输出为 0，触发器被置 0。

③ $J=1$，$K=0$ 时：G_4 门输出为 1，此时，若 $Q^n=0$，$\overline{Q^n}=1$，则 G_3 门输出为 0，触发器被置 1；若 $Q^n=1$，$\overline{Q^n}=0$，则 G_3 门输出为 1，触发器保持 1 态不变。

④ $J=K=1$ 时：若 $Q^n=0$，$\overline{Q^n}=1$，则 G_3 门输出为 0，G_4 门输出为 1，触发器被置 1；若 $Q^n=1$，$\overline{Q^n}=0$，则 G_3 门输出为 1，G_4 门输出为 0，触发器被置 0。

（3）逻辑功能描述

1）真值表。

由工作原理分析可得到 JK 触发器的真值表见表 8-5。

表 8-5　JK 触发器的真值表

J	K	Q^n	Q^{n+1}	逻辑功能
0	0	0	0	保持
0	0	1	1	
0	1	0	0	置 0
0	1	1	0	
1	0	0	1	置 1
1	0	1	1	
1	1	0	1	翻转
1	1	1	0	

2）特征方程（特性方程）。

由表 8-5 可画出同步 JK 触发器 Q^{n+1} 的卡诺图，如图 8-13 所示。

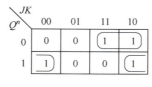

图 8-13　卡诺图

由此写出特征方程：$Q^{n+1} = J\overline{Q^n} + \overline{K}Q^n$

3）状态转换图。

由状态表可画出同步 JK 触发器的状态转换图如图 8-14 所示。

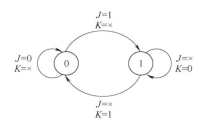

图 8-14　状态转换图

问题［8-16］　同步 JK 触发器的状态变化只发生在＿＿期间，在＿＿时其状态保持不变。

4）时序图。

同步 JK 触发器的时序图如图 8-15 所示。

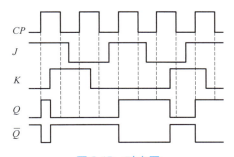

图 8-15　时序图

2. 边沿 JK 触发器

边沿 JK 触发器只在时钟信号 CP 的上升沿或下降沿到来时接收输入信号而改变输出状态，在 CP 脉冲的其他时刻触发器将保持输出状态不变。从而提高了触发器工作的可靠性和抗干扰能力。

（1）边沿 JK 触发器的逻辑符号（见图 8-16）

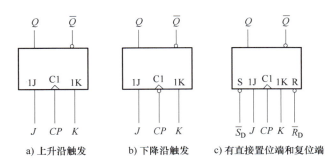

a）上升沿触发　　b）下降沿触发　　c）有直接置位端和复位端

图 8-16　边沿 JK 触发器

（2）边沿 JK 触发器的时序图（见图 8-17）

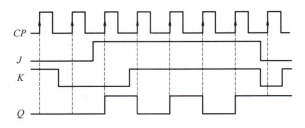

图 8-17　边沿 JK 触发器时序图

项目八 数字秒表的设计与制作

一、任务准备

从表 8-6 中选出任务所需要的设备工具,并查阅资料在图标下面注明参数。

1)各组在实训室元器件库中,根据集成触发器的标识,正确选出集成 D 触发器 74LS74 和集成 JK 触发器 74LS112 各一个。

2)查阅资料识别 74LS74 和 74LS112 电路引脚,并熟悉基本功能。

3)将数字电子实验箱摆放到实验台合适位置。

表 8-6 设备工具清单

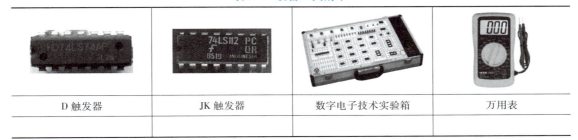

D 触发器	JK 触发器	数字电子技术实验箱	万用表

二、防护措施(见表 8-7)

表 8-7 防护措施

防护项目	具体内容	备注
个人安全防护	1. 工作人员尽量不佩戴影响操作的手表、首饰和其他配饰 2. 工作人员规范使用各种仪器仪表,一切按照既定流程操作 3. 注意元器件引脚扎到手	
设备安全防护	1. 各仪器仪表是否在合格使用期内,并检测仪器仪表是否正常工作 2. 检查集成电路是否有引脚断裂或弯曲情况	
场地安全防护	1. 场地安全标识到位 2. 现场灭火设施完善 3. 现场不相关设备,特别是影响作业设备清场	

三、任务分配(见表 8-8)

表 8-8 任务分配表

职 务	代 码	姓 名	工作内容
组长	A		
组员	B		
	C		
	D		

四、任务步骤

1. 集成 JK 触发器 74LS112 逻辑功能分析、测试

1) 检查集成 JK 触发器 74LS112 的外观,各个引脚是否完好,74LS112 外引脚图及逻辑符号如图 8-18 所示。

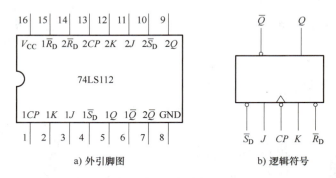

a) 外引脚图　　　　　　b) 逻辑符号

图 8-18　集成 JK 触发器 74LS112

2) 分析下降沿出发的 JK 触发器的逻辑功能,填写表 8-9 中的功能分析部分。

3) 将双 JK 触发器 74LS112 在数字电子实验箱上合适的位置选取一个 16P 插座,按定位标记插好集成块。

4) 对照 74LS112 的引脚图,选用 74LS112 中的一个 JK 触发器按逻辑符号图接线,2 个异步复位端 $\overline{R}_D$ 和异步置位端 $\overline{S}_D$ 分别接逻辑电平开关,2 个输入端 J、K 分别接逻辑电平开关,1 个 CP 时钟脉冲输入端接单脉冲信号,1 个 Q 状态输出端接 LED 电平显示。

5) 按表 8-9 要求改变输入逻辑电平开关的组合状态及输入单脉冲信号,将测试结果填入表 8-9 中。

表 8-9　集成 JK 触发器 74LS112 逻辑功能分析、测试表

输入					现态	次态	
						分析	测试
$\overline{R}_D$	$\overline{S}_D$	J	K	CP	Q^n	Q^{n+1}	Q^{n+1}
1	1	0	0	↓	0		
1	1	0	0	↓	1		
1	1	0	1	↓	0		
1	1	0	1	↓	1		
1	1	1	0	↓	0		
1	1	1	0	↓	1		
1	1	1	1	↓	0		
1	1	1	1	↓	1		
0	1	×	×	×	×		
1	0	×	×	×	×		

结论:

2. 集成 D 触发器 74LS74 逻辑功能分析、测试

1）检查 D 触发器 74LS74 的外观，各个引脚是否完好，74LS74 的外引脚及逻辑符号如图 8-19 所示。

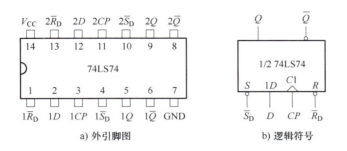

图 8-19　集成 D 触发器 74LS74

2）分析下降沿出发的 JK 触发器的逻辑功能，填写表 8-10 中的功能分析部分。

3）将 D 触发器 74LS74 在数字电子实验箱上合适的位置选取一个 14P（引脚）插座，按定位标记查好集成块。

4）对照 74LS74 的引脚图，选用 74LS74 中的一个 D 触发器按逻辑符号图接线，2 个异步复位端 $\overline{R}_D$ 和异步置位端 $\overline{S}_D$ 分别接逻辑电平开关，1 个输入端 D 分别接逻辑电平开关，1 个 CP 时钟脉冲输入端接单脉冲信号，1 个 Q 状态输出端接 LED 电平显示。

5）按表 8-10 要求改变输入逻辑电平开关的组合状态及输入单脉冲信号，将测试结果填入表 8-10 中。

表 8-10　集成 D 触发器 74LS74 逻辑功能分析、测试表

输　　入				现　态	次　态	
					分析	测试
$\overline{R}_D$	$\overline{S}_D$	D	CP	Q^n	Q^{n+1}	Q^{n+1}
1	1	0	↑	0		
1	1	0	↑	1		
1	1	1	↑	0		
1	1	1	↑	1		
1	1	×	↓	0		
0	1	×	×	×		
1	0	×	×	×		
0	0	×	×	×		

结论：

五、结果分析（见表 8-11）

表 8-11　结果分析表

项　目	内　容	备　注
JK 触发器的特性		
D 触发器的特性		
遇到的问题和解决方法		

评价反馈

表 8-12　考核评分表

任务名称	触发器的认知及逻辑功能测试		姓名		学号			任务得分			
考核项目	考核内容	配分	评分标准					自评 30%	互评 30%	师评 40%	得分
知识技能 30分	能仔细阅读资讯材料，画出重点内容	5	优 5	良 4	合格 3	不合格 0					
	能借助信息化资源进行信息收集，自主学习	10	优 10	良 8	合格 6	不合格 0					
	能正确完成引导问题，写出完整答案	10	优 10	良 8	合格 6	不合格 0					
	能与老师进行交流，提出关键问题，有效互动	5	优 5	良 4	合格 3	不合格 0					
实操技能 50分	IC引脚与插座接触良好，每个引脚不能弯曲或折断	10	每处错误扣1分								
	接线及改变接线时，关闭电源	5	每次错误扣1分								
	元器件的位置、连线正确	10	每处错误扣1分								
	整体布局合理美观	5									
	逻辑功能测试	15	操作步骤不正确扣2分，一次不成功扣5分								
	文明操作，工作台面清洁，工具摆放整齐，工作过程规范	5	违反有关规定，酌扣2~4分								
态度情感 20分	态度端正，认真参与，有集体荣誉感和团队意识	5	优 5	良 4	合格 3	不合格 0					
	安全操作，无损伤损坏元器件及设备	10	优 10	良 8	合格 6	不合格 0					
	执行8S管理标准	5	优 5	良 4	合格 3	不合格 0					

任务总结

请简单总结任务的完成过程及一些心得体会。

_____

_____

_____

_____

任务二　时序逻辑电路的分析

任务工单

表 8-13　任务工单

任务信息	任务名称	时序逻辑电路的分析	姓　名	
	班　级		学　号	
客户信息	姓　名		使用年限	
	产品型号		任务日期	
客户需求				
任务内容	<ul><li>时序逻辑电路的结构、特点</li><li>时序逻辑电路分析方法和步骤</li><li>通过实际例子分析时序逻辑电路功能</li></ul>			
任务目标	知识目标<ul><li>掌握时序逻辑电路的概念、电路结构及基本特点</li><li>掌握时序逻辑电路的分析方法</li></ul>技能目标<ul><li>能分析出时序逻辑电路的功能</li><li>能按照电路图使用 74LS112 完成时序逻辑电路的搭接</li><li>能独立完成逻辑电路的功能验证</li></ul>素养目标<ul><li>安全规范、严谨细致，一丝不苟的科学态度</li><li>自主学习，主动完成任务内容，提炼学习重点</li><li>团结合作，主动帮助同学、善于协调工作关系</li></ul>			
任务重点	时序逻辑电路的分析方法			
任务难点	时序逻辑电路分析步骤			
思政引导	锲而不舍、勇于创新、积极开拓			
任务考核	学生自评 30%+学生互评 30%+教师评价 40%=总评成绩			

知识储备

- 扫描二维码，观看时序逻辑电路分析微课。
- 思政聚焦——大国工匠之榜样的力量。

时序逻辑电路的分析　　　　思政聚焦-大国工匠之榜样的力量

【资讯】

一、时序逻辑电路定义

在一个逻辑电路中，任一时刻产生的稳定输出信号，不仅取决于该时刻电路的输入信号，而且还取决于电路原来的状态，这样的数字电路称为时序逻辑电路。

二、时序逻辑电路结构

时序逻辑电路结构框图如图 8-20 所示，它由两部分组成：一部分是由逻辑门构成的组合逻辑电路，另一部分是由具有记忆功能的触发器构成的反馈支路或存储电路，能够将某一时刻之前电路的状态保存下来。

【引导问题】

问题 [8-17]　组合逻辑电路和时序逻辑电路的区别是什么？

_____

_____

_____

_____

问题 [8-18]　图 8-20 中组合逻辑电路部分是由_____构成。图 8-20 中的存储电路由触发器或延迟元件构成，其作用是什么？

_____

_____

_____

_____

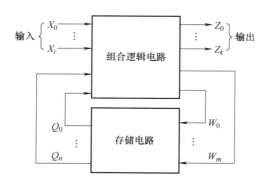

图 8-20　时序逻辑电路结构框图

三、时序逻辑电路的分类

按照其存储电路中各触发器是否有统一的时钟控制可分为：

1）同步时序逻辑电路，是指组成时序电路的各级触发器共用一个外部时钟。

2）异步时序逻辑电路，是指组成时序电路的各级触发器没有统一的外部时钟，各级触发器的状态变化是在不同时刻分别进行。

四、时序逻辑电路的分析

1. 时序逻辑电路分析步骤

（1）写相关方程式

根据给定的时序逻辑电路写出时钟方程（同步时序逻辑电路可省略）、驱动方程和输出方程。

时钟方程：各触发器的时钟信号表达式。

驱动方程：各触发器输入端变量与时序逻辑电路的输入信号和电路状态之间的关系。

输出方程：时序逻辑电路的输出端变量与输入信号和电路状态之间的逻辑关系。

（2）求状态方程

将各个触发器的驱动方程分别代入相应触发器的特性方程即可求出电路的状态方程。也就是各个触发器次态输出的逻辑表达式。

（3）列状态表

把电路输入和现态的各种可能取值，代入状态方程和输出方程进行计算，求出相应的次态值和输出值。

（4）画状态图

把时序电路每个状态的转换规律用箭头表示出来。

（5）画时序图（可省略）

把输入、输出信号及各触发器状态的取值与 CP 脉冲在时间上对应关系的波形图画出来。

（6）逻辑功能描述

根据状态转换表及状态图所反映的电路状态转换关系，用文字描述电路的逻辑功能。

2. 时序逻辑电路分析举例

【例 8-1】 分析图 8-21 所示时序逻辑电路的逻辑功能。

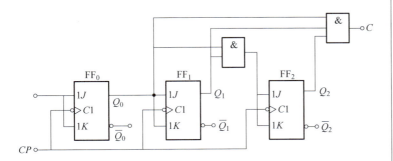

图 8-21　时序逻辑电路

（1）写方程式

时钟方程：$CP_0 = CP_1 = CP_2 = CP \downarrow$

问题［8-19］　同步时序逻辑电路和异步时序逻辑电路的区别是什么？

问题［8-20］　简要写出时序逻辑电路分析步骤。

驱动方程：$J_0 = 1$，$K_0 = 1$　　$J_1 = Q_0^n$，$K_1 = Q_0^n$

$$J_2 = Q_0^n Q_1^n,\quad K_2 = Q_0^n Q_1^n$$

输出方程：$C = Q_0^n Q_1^n Q_2^n$

（2）求状态方程

将驱动方程代入 JK 触发器的特性方程 $Q^{n+1} = J\overline{Q^n} + \overline{K} Q^n$
可得到状态方程：

$$Q_0^{n+1} = 1 \cdot \overline{Q_0^n} + \overline{1} \cdot Q_0^n = \overline{Q_0^n}$$

$$Q_1^{n+1} = Q_0^n \overline{Q_1^n} + \overline{Q_0^n} Q_1^n$$

$$Q_2^{n+1} = Q_0^n Q_1^n \overline{Q_2^n} + \overline{Q_0^n Q_1^n} Q_2^n = Q_0^n Q_1^n \overline{Q_2^n} + \overline{Q_0^n} Q_2^n + \overline{Q_1^n} Q_2^n$$

（3）列状态表

将现态的各种取值组合代入相应的状态方程及输出方程，得到的状态表见表 8-14。

表 8-14　状态表

CP	Q_2^n	Q_1^n	Q_0^n	Q_2^{n+1}	Q_1^{n+1}	Q_0^{n+1}	C
↓	0	0	0	0	0	1	0
↓	0	0	1	0	1	0	0
↓	0	1	0	0	1	1	0
↓	0	1	1	1	0	0	0
↓	1	0	0	1	0	1	0
↓	1	0	1	1	1	0	0
↓	1	1	0	1	1	1	0
↓	1	1	1	0	0	0	1

（4）画状态图

根据表 8-14 可画出该电路的状态图如图 8-22 所示。

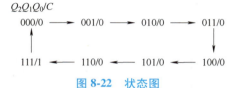

图 8-22　状态图

（5）逻辑功能描述

由以上分析可知，该电路在输入 8 个计数脉冲 CP 后，返回初始状态，同时输出端 C 输出一个进位脉冲。因此，该电路为同步八进制加法计数器。

项目八　数字秒表的设计与制作

任务实施

一、任务准备

从表 8-15 中选出任务所需设备和工具，将参数填入图标下方。

1）各组在实训室元器件库中，根据外形标识，正确选出集成 JK 触发器 74LS112 一个。
2）将数字电子实验箱摆放到实验台合适位置。

表 8-15　设备工具清单

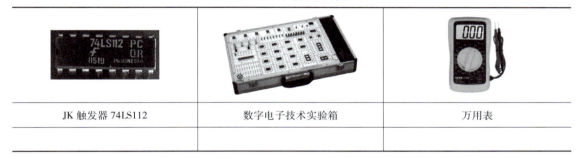

JK 触发器 74LS112	数字电子技术实验箱	万用表

二、防护措施（见表 8-16）

表 8-16　防护措施

防护项目	具体内容	备注
个人安全防护	1. 工作人员尽量不佩戴影响操作的手表、首饰和其他配饰 2. 工作人员规范使用各种仪器仪表，一切按照既定流程操作 3. 注意元器件引脚扎到手	
设备安全防护	1. 各仪器仪表是否在合格使用期内，并检测仪器仪表是否正常工作 2. 检查集成电路是否有引脚断裂或弯曲情况	
场地安全防护	1. 场地安全标识到位 2. 现场灭火设施完善 3. 现场不相关设备，特别是影响作业设备清场	

三、任务分配（见表 8-17）

表 8-17　任务分配表

职　务	代　码	姓　名	工作内容
组长	A		
组员	B		
	C		
	D		

四、任务步骤

1）根据给定的时序逻辑电路图 8-23 写出时钟方程、驱动方程和输出方程。

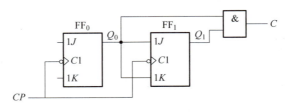

图 8-23 时序逻辑电路

2）求出状态方程。

3）列出状态表。

4）画出状态图。

5）描述逻辑功能。

┌───┐
│   │
│   │
│   │
│   │
└───┘

6）逻辑功能测试。

按图 8-23 接线组成时序逻辑电路，CP 信号可利用数字逻辑实验箱上的单脉冲发生器，清 0 信号由逻辑电平开关控制，输出信号接 LED 电平显示器，按表 8-18 进行测试并记录。

表 8-18 逻辑功能测试表

输 入	现 态		次 态		输 出
CP	Q_1^n	Q_0^n	Q_1^{n+1}	Q_0^{n+1}	C
1	0	0			
2					
3					
4					

结论：

五、结果分析（见表 8-19）

表 8-19 结果分析表

项　　目	内　　容	备　　注
时序逻辑电路的分析步骤		
如何从真值表分析时序逻辑电路功能		
遇到的问题和解决方法		

评价反馈

表 8-20 考核评分表

任务名称	时序逻辑电路的分析		姓名		学号			任务得分		
考核项目	考核内容	配分	评分标准				自评30%	互评30%	师评40%	得分
知识技能30分	能仔细阅读资讯材料，画出重点内容	5	优5	良4	合格3	不合格0				
	能借助信息化资源进行信息收集，自主学习	10	优10	良8	合格6	不合格0				
	能正确完成引导问题，写出完整答案	10	优10	良8	合格6	不合格0				
	能与老师进行交流，提出关键问题，有效互动	5	优5	良4	合格3	不合格0				
实操技能50分	IC引脚与插座接触良好，每个引脚不能弯曲或折断	10	每处错误扣1分							
	接线及改变接线时，关闭电源	5	每次错误扣1分							
	元器件的位置、连线正确	10	每处错误扣1分							
	整体布局合理美观	5								
	逻辑功能测试	15	操作步骤不正确扣2分，每次不成功扣5分							
	文明操作，工作台面清洁，工具摆放整齐，工作过程规范	5	违反有关规定，酌扣2~4分							
态度情感20分	态度端正，认真参与，有集体荣誉感和团队意识	5	优5	良4	合格3	不合格0				
	安全操作，无损伤损坏元件及设备	10	优10	良8	合格6	不合格0				
	执行8S管理标准	5	优5	良4	合格3	不合格0				

任务总结

请简单总结任务的完成过程及一些心得体会。

项目八 数字秒表的设计与制作

任务三　计数器的认知及逻辑功能测试

任务工单

表 8-21　任务工单

任务信息	任务名称	计数器的认知及逻辑功能测试	姓　名	
	班　级		学　号	
客户信息	姓　名		使用年限	
	产品型号		任务日期	
客户需求				
任务内容	• 同步计数器认知及逻辑功能测试 • 异步计数器认知及逻辑功能测试			
任务目标	知识目标 • 理解二进制和任意进制计数器的电路结构、基本特点和电路工作原理 • 掌握计数器的逻辑功能及测试方法 • 掌握集成计数器构成任意进制计数器的方法及功能测试 技能目标 • 能独立完成三位二进制计数器电路的实物搭接与功能测试 • 能独立完成集成计数器构成任意进制计数器的电路搭接与功能验证 素养目标 • 安全规范、严谨细致、勇于探索的科学态度 • 自主学习，主动完成任务内容，提炼学习重点 • 团结合作，主动帮助同学、善于协调工作关系			
任务重点	计数器的逻辑功能、集成计数器构成任意进制计数器的方法			
任务难点	集成计数器构成任意进制计数器的方法			
思政引导	树立"创造最强芯片"的目标、严谨认真、科技强国			
任务考核	学生自评 30%＋学生互评 30%＋教师评价 40%＝总评成绩			

知识储备

- 扫描二维码，观看计数器微课。
- 思政聚焦——邓稼先的爱国情怀与原子弹的缘分。

251

计数器

思政聚焦-邓稼先的爱国情怀与原子弹的缘分

【资讯】

一、计数器的定义

计数器是用来统计时钟脉冲 CP 个数的电路。是数字系统中用途最广泛的基本部件之一，可以实现计数、分频、时序分配等多种功能。

计数器种类很多，分类方法也不相同。

1）按进位模数可分为二进制计数器和非二进制计数器。

2）按计数器增减趋势可分为加法计数器、减法计数器和可逆计数器。

3）按计数器 CP 脉冲的输入方式可分为同步计数器和异步计数器。

二、异步计数器

异步计数器是指计数脉冲只加到部分触发器的时钟脉冲输入端上，而其他触发器的触发信号则由电路内部提供，应翻转的触发器状态更新有先有后的计数器。

1. 异步二进制计数器

由 JK 触发器组成的 3 位二进制计数器（见图 8-24）

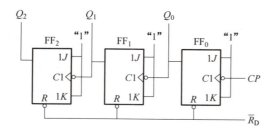

图 8-24　异步二进制计数器

分析过程如下：

（1）写方程式

时钟方程

【引导问题】

问题〔8-21〕　按计数器 CP 脉冲的输入方式计数器可分为＿＿和＿＿。

问题〔8-22〕　异步计数器的主要特点是什么？
＿＿＿＿＿＿＿＿＿
＿＿＿＿＿＿＿＿＿
＿＿＿＿＿＿＿＿＿
＿＿＿＿＿＿＿＿＿

$$CP_0 = CP \quad CP_1 = Q_0 \quad CP_2 = Q_1$$

驱动方程 $J_0 = K_0 = 1$

$$J_1 = K_1 = 1$$
$$J_2 = K_2 = 1$$

（2）求状态方程

将各驱动方程代入 JK 触发器的特性方程

$$Q^{n+1} = J\overline{Q^n} + \overline{K}Q^n$$

得各触发器的状态方程：

$$Q_0^{n+1} = \overline{Q_0^n}\ (CP\downarrow)$$
$$Q_1^{n+1} = \overline{Q_1^n}\ (Q_0\downarrow)$$
$$Q_2^{n+1} = \overline{Q_2^n}\ (Q_1\downarrow)$$

（3）列状态表

根据状态方程列出状态表见表 8-22。

表 8-22 状态表

CP	Q_2^n	Q_1^n	Q_0^n	Q_2^{n+1}	Q_1^{n+1}	Q_0^{n+1}
1	0	0	0	0	0	1
2	0	0	1	0	1	0
3	0	1	0	0	1	1
4	0	1	1	1	0	0
5	1	0	0	1	0	1
6	1	0	1	1	1	0
7	1	1	0	1	1	1
8	1	1	1	0	0	0

问题 [8-23]　图 8-24 中各触发器的时钟均不相同。因此该计数器为_____计数器。

问题 [8-24]　异步计数器总是用低位输出推动相邻高位触发器，因此 3 个触发器状态只能_____，不能_____。

问题 [8-25]　根据状态表 8-22 可知，随着 CP 脉冲的输入，触发器输出 $Q_2Q_1Q_0$ 按_____规律递增，经过_____CP 脉冲后电路回到初始状态。

（4）画状态图

根据表 8-22 可画出该电路的状态图如图 8-25 所示。

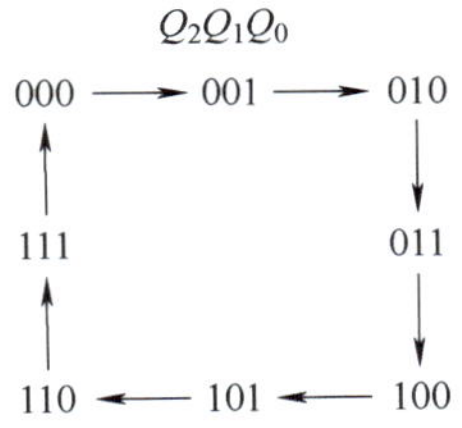

$Q_2Q_1Q_0$
000 → 001 → 010
↑　　　　　　↓
111　　　　　011
↑　　　　　　↓
110 ← 101 ← 100

图 8-25　计数器状态图

（5）逻辑功能描述

由以上分析可知，随着 CP 脉冲的输入，触发器输出 $Q_2Q_1Q_0$ 按二进制数规律递增，经过 8 个 CP 脉冲后电路回到初始状态。因此，该电路实现的是异步三位二进制加法计数器，即八进制计数器。

2. 异步二进制计数器级间连接规律

用 JK 触发器构成异步 n 位二进制加法计数器的连接规律：

(1) $CP_0 = CP \downarrow$

$$J_i = K_i = 1 \,(0 \leqslant i \leqslant n-1)$$
$$CP_i = Q_{(i-1)} \,(n-1 \geqslant i \geqslant 1)$$

(2) $CP_0 = CP \uparrow$

$$J_i = K_i = 1 \,(0 \leqslant i \leqslant (n-1))$$
$$CP_i = \overline{Q}_{(i-1)} \,(n-1 \geqslant i \geqslant 1)$$

3. 异步集成计数器 74LS290

74LS290 是二-五-十进制异步加法计数器，其内部逻辑图如图 8-26 所示，引脚排列如图 8-27 所示。

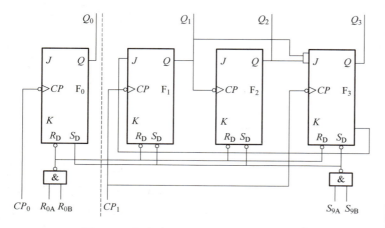

图 8-26　集成计数器 74LS290 内部逻辑图

问题 [8-26]　异步集成计数器 74LS290 由 4 个 _____ 和 2 个 _____ 组成。

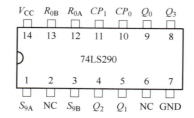

图 8-27　74LS290 引脚排列图

(1) 74LS290 的功能（见表 8-23）

表 8-23　74LS290 的功能表

输入					输出			
R_{0A}	R_{0B}	S_{9A}	S_{9B}	CP	Q_3	Q_2	Q_1	Q_0
1	1	0	×	×	0	0	0	0
1	1	×	0	×	0	0	0	0

(续)

输入					输出			
R_{0A}	R_{0B}	S_{9A}	S_{9B}	CP	Q_3	Q_2	Q_1	Q_0
×	×	1	1	×	1	0	0	1
×	0	×	0	↓	计数			
0	×	0	×	↓	计数			
×	0	0	×	↓	计数			
0	×	×	0	↓	计数			

① 异步清零。当 R_{0A}、R_{0B} 均为高电平，S_{9A}、S_{9B} 有低电平时，计数器清 0，即 $Q_3Q_2Q_1Q_0 = 0000$。

② 异步置 9。当 S_{9A}、S_{9B} 均为高电平时，不管其他输入端的状态如何，计数器置 9，即 $Q_3Q_2Q_1Q_0 = 1001$。

③ 计数功能。当 R_{0A}、R_{0B} 中有低电平和 S_{9A}、S_{9B} 中有低电平时，计数器处于计数功能。

（2）74LS290 的基本工作方式

① 二进制计数器。将计数脉冲由 CP_0 输入，由 Q_0 输出，即构成一位二进制计数器，如图 8-28 所示。

② 五进制计数器。将计数脉冲由 CP_1 输入，由 $Q_3Q_2Q_1$ 输出，即构成异步五进制计数器，如图 8-29 所示。

问题 [8-27] 试根据图 8-28 列出二进制计数器状态表。

问题 [8-28] 试根据图 8-29 列出五进制计数器状态表。

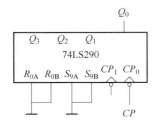

图 8-28 二进制计数器

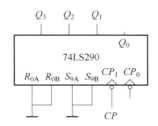

图 8-29 五进制计数器

③ 十进制计数器。若将 Q_0 端与 CP_1 连接，计数脉冲由 CP_0 输入，先进行二进制计数，再进行五进制计数，即构成 8421 码异步十进制计数器，如图 8-30a 所示；若将 Q_3 端与 CP_0 相连，计数脉冲由 CP_1 输入，先进行五进制计数，再进行二进制计数，即构成 5421 码的异步十进制加法计数器，如图 8-30b 所示。

（3）应用举例

用 74LS290 构成七进制计数器。

先构成 8421BCD 码十进制计数器，再用反馈清 0 法，令 $R_{0B}=Q_2Q_1Q_0$ 实现。如图 8-31 所示。

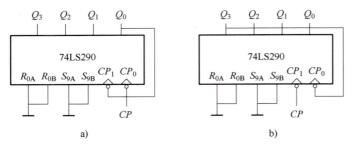

图 8-30 十进制计数器

问题 [8-29] 试根据图 8-30 列出十进制计数器状态表。

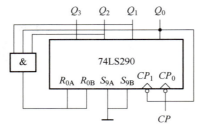

图 8-31 七进制计数器

问题 [8-30] 试根据图 8-31 列出七进制计数器状态表。

当计数器出现 0111 状态时，计数器迅速复位到 0000 状态，然后又开始从 0000 状态计数，从而实现 0000~0110 七进制计数。

三、同步计数器

1. 同步二进制计数器

由 JK 触发器组成的同步二进制计数器如图 8-32 所示。

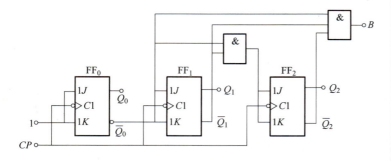

图 8-32 同步三位二进制减法计数器

问题 [8-31] 同步二进制计数器中所有触发器共用一个_____。由_____个 JK 触发器构成的二进制计数器，它的计数值为 2^n。

（1）写方程式

时钟方程
$$CP_0 = CP_1 = CP_2 = CP$$

驱动方程

$$J_0 = 1 \qquad K_0 = 1$$
$$J_1 = \overline{Q_0^n} \qquad K_1 = \overline{Q_0^n}$$
$$J_2 = \overline{Q_0^n}\,\overline{Q_1^n} \qquad K_2 = \overline{Q_0^n}\,\overline{Q_1^n}$$

输出方程

$$B = \overline{Q_0^n}\,\overline{Q_1^n}\,\overline{Q_2^n}$$

（2）求状态方程

将各触发器驱动方程代入 JK 触发器的特性方程 $Q^{n+1} = J\overline{Q^n} + \overline{K}Q^n$

各触发器的状态方程为

$$Q_0^{n+1} = 1 \cdot \overline{Q_0^n} + \overline{1} \cdot Q_0^n = \overline{Q_0^n}$$
$$Q_1^{n+1} = \overline{Q_0^n} \cdot \overline{Q_1^n} + \overline{\overline{Q_0^n}} \cdot Q_1^n = \overline{Q_0^n} \cdot \overline{Q_1^n} + Q_0^n Q_1^n$$
$$Q_2^{n+1} = \overline{Q_0^n} \cdot \overline{Q_1^n} \cdot \overline{Q_2^n} + \overline{\overline{Q_0^n}\,\overline{Q_1^n}} \cdot Q_2^n = \overline{Q_0^n} \cdot \overline{Q_1^n} \cdot \overline{Q_2^n} + Q_0^n Q_2^n + Q_1^n Q_2^n$$

（3）列状态表

根据状态方程列出状态表见表 8-24。

表 8-24　状态表

CP	Q_2^n	Q_1^n	Q_0^n	Q_2^{n+1}	Q_1^{n+1}	Q_0^{n+1}	B
1	0	0	0	1	1	1	1
2	1	1	1	1	1	0	0
3	1	1	0	1	0	1	0
4	1	0	1	1	0	0	0
5	1	0	0	0	1	1	0
6	0	1	1	0	1	0	0
7	0	1	0	0	0	1	0
8	0	0	1	0	0	0	0

（4）画状态图

根据表 8-24 可画出该电路的状态图如图 8-33 所示。

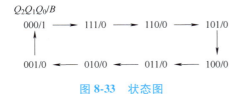

图 8-33　状态图

（5）逻辑功能描述

由以上分析可知，随着 CP 脉冲的输入，触发器输出 $Q_2Q_1Q_0$ 按二进制数规律递减，经过 8 个 CP 脉冲后电路回到初始状态。因此，该电路实现的是同步三位二进制减法计数器。

2. 同步集成计数器 74LS161

（1）74LS161 的外引脚图和逻辑符号（见图 8-34）

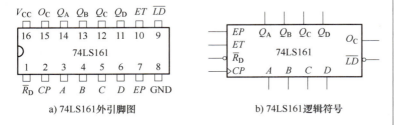

a) 74LS161 外引脚图　　b) 74LS161 逻辑符号

图 8-34　同步集成计数器 74LS161

（2）74LS161 的功能（见表 8-25）

表 8-25　74LS161 功能表

输入								输出			
$\overline{R_D}$	$\overline{LD}$	EP	ET	CP	D	C	B	A	Q_D	Q_C	Q_B	Q_A
0	×	×	×	×	×	×	×	×	0	0	0	0
1	0	×	×	↑	d	c	b	a	d	c	b	a
1	1	0	×	×	×	×	×	×	保持			
1	1	×	0	×	×	×	×	×	保持			
1	1	1	1	↑	×	×	×	×	计数			

问题 [8-32]　同步集成计数器 74LS161 具有哪些功能？

① 异步清零功能：当 $\overline{R_D}=0$ 时，不论有无时钟脉冲 CP 和其他信号输入，计数器被清零，即 $Q_D \sim Q_A$ 都为 0。

② 同步并行置数功能：当 $\overline{R_D}=1$，$\overline{LD}=0$ 时，在输入时钟脉冲 CP 上升沿的作用下，并行输入的数据 dcba 被置入计数器，即 $Q_DQ_CQ_BQ_A=dcba$。

③ 计数功能：当 $\overline{R_D}=\overline{LD}=EP=ET=1$ 时，在 CP 端输入计数脉冲，计数器进行二进制加法计数。

④ 保持功能：当 $\overline{R_D}=\overline{LD}=1$，且 EP 和 ET 中有"0"时，则计数器保持原来状态不变。

（3）应用举例

① 用清零法构成 n 进制计数器，如图 8-35 所示。

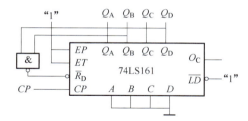

图 8-35　清零法构成进制计数器

② 用置数法构成 n 进制计数器，如图 8-36 所示。

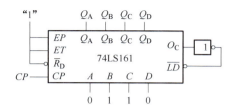

图 8-36　置数法构成进制计数器

问题［8-33］　画出图 8-35 计数器的状态转换图。

问题［8-34］　画出图 8-36 计数器的状态转换图。

任务实施

一、任务准备

从表 8-26 中选出任务所需设备工具,查阅资料将型号填入图标下方。

1) 各组在实训室元器件库中,根据外形标识,正确选出 74LS00 和 74LS161 各一个。
2) 查阅资料复习 74LS00 和 74LS161 电路引脚及其基本功能。
3) 将数字电子实验箱摆放到实验台合适位置。

表 8-26　设备工具清单

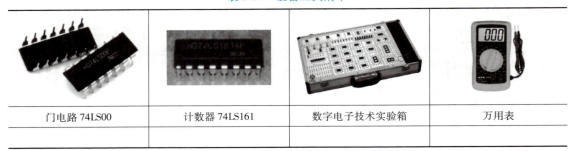

门电路 74LS00	计数器 74LS161	数字电子技术实验箱	万用表

二、防护措施(见表 8-27)

表 8-27　防护措施

防护项目	具体内容	备注
个人安全防护	1. 工作人员尽量不佩戴影响操作的手表、首饰和其他配饰 2. 工作人员规范使用各种仪器仪表,一切按照既定流程操作 3. 注意元器件引脚扎到手	
设备安全防护	1. 各仪器仪表是否在合格使用期内,并检测仪器仪表是否正常工作 2. 检查集成电路是否有引脚断裂或弯曲情况	
场地安全防护	1. 场地安全标识到位 2. 现场灭火设施完善 3. 现场不相关设备,特别是影响作业设备清场	

三、任务分配(见表 8-28)

表 8-28　任务分配表

职　务	代　码	姓　名	工作内容
组长	A		
组员	B		
	C		
	D		

四、任务步骤

1）检查集成计数器 74LS161 和与非门 74LS00 的外观，各个引脚是否完好，74LS161 和 74LS00 外引脚图如图 8-37 所示。

2）利用计数器 74LS161 和与非门 74LS00 设计一个七进制计数器电路（参考电路见图 8-38）。

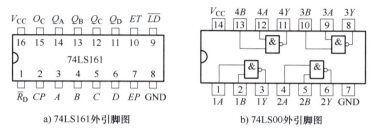

图 8-37　74LS161 和 74LS00 引脚图

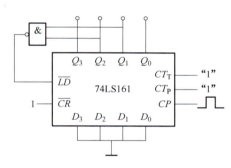

图 8-38　七进制计数器

3）分析计数器功能，填写表 8-29 中的计数状态分析部分。

4）将计数器 74LS161 和与非门 74LS00 在数字电子实验箱上合适的位置按定位标记插好。

5）按照设计好的电路图连接电路。

6）按表 8-29 要求改变输入逻辑电平开关的组合状态及输入单脉冲信号，将测试结果填入表 8-29。

表 8-29　七进制计数器状态表

输入	现态			输出					
				次态（分析）			次态（实测）		
CP	Q_2^n	Q_1^n	Q_0^n	Q_2^{n+1}	Q_1^{n+1}	Q_0^{n+1}	Q_2^{n+1}	Q_1^{n+1}	Q_0^{n+1}
1	0	0	0						
2									
3									

（续）

输入	输出									
	现态			次态（分析）			次态（实测）		
CP	Q_2^n	Q_1^n	Q_0^n	Q_2^{n+1}	Q_1^{n+1}	Q_0^{n+1}	Q_2^{n+1}	Q_1^{n+1}	Q_0^{n+1}
4									
5									
6									
7									

结论：

五、结果分析（见表 8-30）

表 8-30　结果分析表

项　目	内　容	备　注
计数器设计步骤		
计数器设计注意事项		
遇到的问题和解决方法		

评价反馈

表 8-31 考核评分表

任务名称	计数器的认知及逻辑功能测试		姓名		学号		任务得分		
考核项目	考核内容	配分	评分标准				自评30%	互评30%	师评40%	得分
知识技能 30 分	能仔细阅读资讯材料，画出重点内容	5	优 5	良 4	合格 3	不合格 0				
	能借助信息化资源进行信息收集，自主学习	10	优 10	良 8	合格 6	不合格 0				
	能正确完成引导问题，写出完整答案	10	优 10	良 8	合格 6	不合格 0				
	能与老师进行交流，提出关键问题，有效互动	5	优 5	良 4	合格 3	不合格 0				
实操技能 50 分	IC 引脚与插座接触良好，每个引脚不能弯曲或折断	10	每处错误扣 1 分							
	接线及改变接线时，关闭电源	5	每次错误扣 1 分							
	元器件的位置、连线正确	5	每处错误扣 1 分							
	整体布局合理美观	5								
	逻辑功能测试	15	运行步骤不正确扣 2 分，一次不成功扣 5 分							
	文明操作，工作台面清洁，工具摆放整齐，工作过程规范	5	违反有关规定，酌扣 2~4 分							
	时间定额，3h 按时完成	5	超时酌扣 3~5 分							
态度情感 20 分	态度端正，认真参与，有集体荣誉感和团队意识	5	优 5	良 4	合格 3	不合格 0				
	安全操作，无损伤损坏元件及设备	10	优 10	良 8	合格 6	不合格 0				
	执行 8S 管理标准	5	优 5	良 4	合格 3	不合格 0				

任务总结

请简单总结任务的完成过程及一些心得体会。

任务四 译码器的认知及逻辑功能测试

任务工单

表 8-32 任务工单

任务信息	任务名称	译码器的认知及逻辑功能测试	姓 名	
	班 级		学 号	
客户信息	姓 名		使用年限	
	产品型号		任务日期	
客户需求				
任务内容	<ul><li>译码器的概念及分类</li><li>译码器的工作原理</li><li>集成译码器 74LS138 和七段显示译码器 74LS48 功能特性表</li></ul>			
任务目标	知识目标<ul><li>了解译码器的概念及分类</li><li>理解译码器 74LS138 的逻辑功能及应用</li><li>熟悉显示译码器的逻辑功能及特点;掌握七段数码管的功能特点及应用</li></ul>技能目标<ul><li>能独立完成译码器功能测试电路的实物搭接与功能验证</li><li>掌握数码显示译码器的工作原理及其与显示器配合使用的方法</li></ul>素养目标<ul><li>安全规范、严谨细致、一丝不苟的科学态度</li><li>自主学习,主动完成任务内容,提炼学习重点</li><li>团结合作,主动帮助同学、善于协调工作关系</li></ul>			
任务重点	集成译码器 74LS138 和七段显示译码器 74LS48 功能特性			
任务难点	七段显示译码器 74LS48 功能特性及其应用			
思政引导	坚持不懈、开阔思路、豁达面对难题			
任务考核	学生自评 30%+学生互评 30%+教师评价 40%=总评成绩			

知识储备

- 扫描二维码,观看译码器微课。
- 思政聚焦——创新求索:大国工匠为生产线转型保驾护航。

译码器

思政聚焦-创新求索：大国工匠
为生产线转型保驾护航

【资讯】

译码器是可以将输入二进制代码的状态翻译成输出信号，以表示其原来含义的电路。

根据译码信号的特点可把译码器分为二进制译码器、二-十进制译码器、显示译码器。

一、二进制译码器

把二进制代码的所有组合状态转换成对应信号输出的电路称为二进制译码器。其输入输出端子数满足 $m = 2^n$（m 代表输出端子，n 代表输入端子）。

1. 3 位二进制译码器

3 位二进制译码器框图如图 8-39 所示。

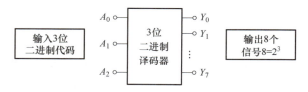

图 8-39　三位二进制译码器框图

图中输入是 3 位二进制代码、有 8 种状态，8 个输出端分别对应其中一种输入状态。因此，又把 3 位二进制译码器称为 3 线-8 线译码器。其输出表达式：$Y_0 = \overline{A_2}\,\overline{A_1}\,\overline{A_0}$，$Y_1 = \overline{A_2}\,\overline{A_1}\,A_0$，$Y_2 = \overline{A_2}\,A_1\,\overline{A_0}$，$Y_3 = \overline{A_2}\,A_1\,A_0$，$Y_4 = A_2\,\overline{A_1}\,\overline{A_0}$，$Y_5 = A_2\,\overline{A_1}\,A_0$，$Y_6 = A_2\,A_1\,\overline{A_0}$，$Y_7 = A_2\,A_1\,A_0$，当改变输入 A_2、A_1、A_0 的状态，可得出相应的结果，见表 8-33。

2. 集成二进制译码器 74LS138（见图 8-40）

A_2、A_1、A_0 为二进制译码输入端，$\overline{Y_7} \sim \overline{Y_0}$ 为译码输出端（低电平有效），$\overline{S_3}$、$\overline{S_2}$、S_1 为选通控制端。当 $S_1 = 1$、$\overline{S_2} = \overline{S_3} =$

【引导问题】

问题［8-35］　译码器可分为哪几种？

_____
_____
_____
_____

问题［8-36］　三位二进制译码器有三个输入端，八个输出端，因此又称为_____。

0 时，译码器处于工作状态；当 $S_1 = 0$、$\overline{S}_2 = \overline{S}_3 = 1$ 时，译码器处于禁止状态。其功能表见表 8-34。

表 8-33　三位二进制译码器状态表

A_2	A_1	A_0	Y_7	Y_6	Y_5	Y_4	Y_3	Y_2	Y_1	Y_0
0	0	0	0	0	0	0	0	0	0	1
0	0	1	0	0	0	0	0	0	1	0
0	1	0	0	0	0	0	0	1	0	0
0	1	1	0	0	0	0	1	0	0	0
1	0	0	0	0	0	1	0	0	0	0
1	0	1	0	0	1	0	0	0	0	0
1	1	0	0	1	0	0	0	0	0	0
1	1	1	1	0	0	0	0	0	0	0

问题 [8-37]　从表 8-33 可看出，对于每一组输入代码，对应着一个确定的_____。反过来，每一个输出都对应了输入变量的一个最小项。

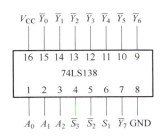

图 8-40　74LS138 引脚排列图

表 8-34　译码器 74LS138 功能表

输　入					输　出							
S_1	$\overline{S}_2+\overline{S}_3$	A_2	A_1	A_0	$\overline{Y}_7$	$\overline{Y}_6$	$\overline{Y}_5$	$\overline{Y}_4$	$\overline{Y}_3$	$\overline{Y}_2$	$\overline{Y}_1$	$\overline{Y}_0$
×	1	×	×	×	1	1	1	1	1	1	1	1
0	×	×	×	×	1	1	1	1	1	1	1	1
1	0	0	0	0	1	1	1	1	1	1	1	0
1	0	0	0	1	1	1	1	1	1	1	0	1
1	0	0	1	0	1	1	1	1	1	0	1	1
1	0	0	1	1	1	1	1	1	0	1	1	1
1	0	1	0	0	1	1	1	0	1	1	1	1
1	0	1	0	1	1	1	0	1	1	1	1	1
1	0	1	1	0	1	0	1	1	1	1	1	1
1	0	1	1	1	0	1	1	1	1	1	1	1

问题 [8-38]　由表 8-34 可看出，译码器的输出提供了输入变量的所有_____。

二、显示译码器

数字显示电路是数字设备不可缺少的部分。数字显示电路由译码器、驱动器和显示器三部分组成。而显示译码器就是把译码器和驱动器集成在一块芯片上，如图 8-41 所示。

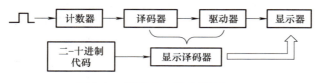

图 8-41　数字显示电路结构框图

问题［8-39］　数字显示电路由哪几部分组成？
_____
_____
_____
_____

1. LED 数字显示器（半导体发光二极管显示器）

LED 数字显示器有共阳极和共阴极两种接法，是数字电路中使用最多的显示器。如图 8-42 所示。

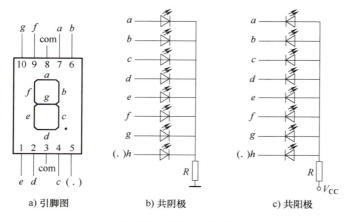

a) 引脚图　　b) 共阴极　　c) 共阳极

图 8-42　半导体显示器

问题［8-40］　半导体发光二极管显示器共阴极接法是各发光二极管____极相接，共阳极接法是各发光二极管的____极相接。

单个数码管外部有 10 个引脚，如图 8-42a 所示，3 脚和 8 脚是公共端，用来接电源或者接地，其余 8 个引脚分别对应内部 8 段发光二极管输入端。其中共阴极接法是各发光二极管阴极相接，$a \sim g$ 高电平驱动发光，如图 8-42b 所示。共阳极接法是各发光二极管的阳极相接，$a \sim g$ 低电平驱动发光，如图 8-42c 所示。这样利用不同发光段组合能显示出 0～9 共 10 个数字。显示方式如图 8-43 所示。

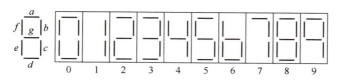

图 8-43　七段数码管字形显示方式

2. 七段显示译码器 74LS48

（1）定义

七段显示译码器 74LS48 是一种输出高电平有效、与共阴极七段数字显示器配合使用的集成译码器。它将输入的 4 位二进制代码转换成对应于数码管的七个字段信号，驱动数码管，显示出相应的十进制数码。74LS48 外形及引脚排列如图 8-44 和图 8-45 所示。

图 8-44　译码器 74LS48 外形图

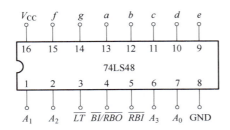

图 8-45　译码器 74LS48 引脚排列图

（2）74LS48 的逻辑功能表（见表 8-35）

表 8-35　74LS48 的逻辑功能表

十进制数	输入						输出						
	$\overline{LT}$	$\overline{RBI}$	D	C	B	A	$\overline{BI/RBO}$	Y_a	Y_b	Y_c	Y_d	Y_e	Y_f	Y_g
0	1	1	0	0	0	0	1	1	1	1	1	1	1	0
1	1	×	0	0	0	1	1	0	1	1	0	0	0	0
2	1	×	0	0	1	0	1	1	1	0	1	1	0	1
3	1	×	0	0	1	1	1	1	1	1	1	0	0	1
4	1	×	0	1	0	0	1	0	1	1	0	0	1	1
5	1	×	0	1	0	1	1	1	0	1	1	0	1	1
6	1	×	0	1	1	0	1	0	0	1	1	1	1	1
7	1	×	0	1	1	1	1	1	1	1	0	0	0	0
8	1	×	1	0	0	0	1	1	1	1	1	1	1	1
9	1	×	1	0	0	1	1	1	1	1	0	0	1	1
灭灯	×	×	×	×	×	×	0	0	0	0	0	0	0	0
灭零	1	0	×	×	×	×	0	0	0	0	0	0	0	0
试灯	0	×	×	×	×	×	1	1	1	1	1	1	1	1

问题［8-41］　七段显示译码器 74LS48 是一种输出＿＿＿＿电平有效、与共＿＿＿＿极七段数字显示器配合使用的集成译码器。

① 7 段译码功能（$\overline{LT}=1$，$\overline{RBI}=1$）。在灯测试输入端（$\overline{LT}$）和动态灭零输入端（$\overline{RBI}$）都接无效电平时，输入 $DCBA$ 经 74LS48 译码，输出高电平有效的 7 段字符显示器的驱动信号，显示相应字符。除输入端 $DCBA = 0000$ 外，$\overline{RBI}$ 也可以接低电平。

② 消隐功能（$\overline{BI}=0$）。此时 $\overline{BI/RBO}$ 端作为输入端，该端输入低电平信号时，无论 $\overline{LT}$ 和 $\overline{RBI}$ 输入什么电平信号，不管输入端 $DCBA$ 为什么状态，输出全为 "0"，7 段显示器熄灭。

③ 灯测试功能（$\overline{LT}=0$）。此时 $\overline{BI/RBO}$ 端作为输出端，$\overline{LT}$ 端输入低电平信号时，与 $\overline{RBI}$ 及 $DCBA$ 输入无关，输出全为 "1"，显示器 7 个字段都点亮。该功能用于 7 段显示器测试，判别是否有损坏的字段。

④ 动态灭零功能（$\overline{LT}=1$，$\overline{RBI}=0$）。此时 $\overline{BI/RBO}$ 端也作为输出端，$\overline{LT}$ 端输入高电平信号，$\overline{RBI}$ 端输入低电平信号，若此时 $DCBA = 0000$，输出全为 "0"，显示器熄灭，不显示这个零。$DCBA \neq 0$，则对显示无影响。该功能主要用于多个 7 段显示器同时显示时熄灭高位的零。

3. 常用电路图

74LS48 的输入端 $ABCD$ 是 8421 码，D 是高位，通过 $ABCD$ 的高低电平控制数码管的显示，图 8-46 中，A 是高电平，BCD 是低电平，表示十进制 "1"，因此数码管显示 "1"。

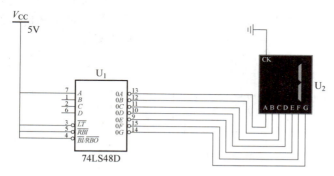

图 8-46　74LS48 常用电路图

项目八　数字秒表的设计与制作

一、任务准备

从表 8-36 中选出任务所需设备和工具，查阅资料，将型号及数量写到图标下方。

1) 各组在实训室元器件库中，根据外形标识，正确选出集成译码器 74LS138 和与非门 74LS00 各一个。

2) 查阅资料复习 74LS00 和 74LS138 电路引脚及其基本功能。

3) 将数字电子实验箱摆放到实验台合适位置。

表 8-36　设备工具清单

门电路 74LS00	译码器 74LS138	数字电子技术实验箱	万用表

二、防护措施（见表 8-37）

表 8-37　防护措施

防护项目	具体内容	备注
个人安全防护	1. 工作人员尽量不佩戴影响操作的手表、首饰和其他配饰 2. 工作人员规范使用各种仪器仪表，一切按照既定流程操作 3. 注意元器件引脚扎到手	
设备安全防护	1. 各仪器仪表是否在合格使用期内，并检测仪器仪表是否正常工作 2. 检查集成电路是否有引脚断裂或弯曲情况	
场地安全防护	1. 场地安全标识到位 2. 现场灭火设施完善 3. 现场不相关设备，特别是影响作业设备清场	

三、任务分配（见表 8-38）

表 8-38　任务分配表

职　务	代　码	姓　名	工作内容
组长	A		
组员	B		
	C		
	D		

四、任务步骤

（一）译码器 74LS138 功能测试

1）检查集成译码器 74LS138 各个引脚是否完好，74LS138 引脚如图 8-47 所示。

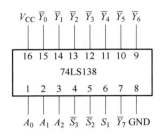

图 8-47　74LS138 引脚图

2）将集成译码器 74LS138 在数字电子实验箱上合适的位置按定位标记插好。
3）按照 74LS138 引脚图连接电路。
4）按表 8-39 要求改变输入逻辑电平开关的组合状态，将测试结果填入表 8-39。

表 8-39　测试结果数据表

输入					输出							
S_1	$\overline{S_2}+\overline{S_3}$	A_2	A_1	A_0	$\overline{Y_7}$	$\overline{Y_6}$	$\overline{Y_5}$	$\overline{Y_4}$	$\overline{Y_3}$	$\overline{Y_2}$	$\overline{Y_1}$	$\overline{Y_0}$
×	1	×	×	×								
0	×	×	×	×								
1	0	0	0	0								
1	0	0	0	1								
1	0	0	1	0								
1	0	0	1	1								
1	0	1	0	0								
1	0	1	0	1								
1	0	1	1	0								
1	0	1	1	1								

结论：

（二）三人表决器电路设计

1）用 74LS138 和与非门 74LS00 设计三人表决器电路，写出设计过程。

2)自行验证三人表决器电路功能。

五、结果分析（见表 8-40）

表 8-40 结果分析表

项　　目	内　　容	备　　注
译码器设计步骤		
译码器设计注意事项		
遇到的问题和解决方法		

项目八 数字秒表的设计与制作

📋 评价反馈

表 8-41 考核评分表

任务名称	译码器的认知及逻辑功能测试		姓名		学号			任务得分		
考核项目	考核内容	配分	评分标准				自评30%	互评30%	师评40%	得分
知识技能 30分	能仔细阅读资讯材料,画出重点内容	5	优5	良4	合格3	不合格0				
	能借助信息化资源进行信息收集,自主学习	10	优10	良8	合格6	不合格0				
	能正确完成引导问题,写出完整答案	10	优10	良8	合格6	不合格0				
	能与老师进行交流,提出关键问题,有效互动	5	优5	良4	合格3	不合格0				
实操技能 50分	IC引脚与插座接触良好,每个引脚不能弯曲或折断	10	每处错误扣1分							
	接线及改变接线时,关闭电源	5	每次错误扣1分							
	元器件的位置、连线正确	10	每处错误扣1分							
	整体布局合理美观	5								
	逻辑功能测试	15	操作步骤不正确扣2分,一次不成功扣5分							
	文明操作,工作台面清洁,工具摆放整齐,工作过程规范	5	违反有关规定,酌扣2~4分							
态度情感 20分	态度端正,认真参与,有集体荣誉感和团队意识	5	优5	良4	合格3	不合格0				
	安全操作,无损伤损坏元器件及设备	10	优10	良8	合格6	不合格0				
	执行8S管理标准	5	优5	良4	合格3	不合格0				

📊 任务总结

请简单总结任务的完成过程及一些心得体会。

_____
_____
_____
_____

电工电子技术项目实践

项目八 数字秒表的设计与制作

任务五 数/模转换电路的认知

 任务工单

表 8-42 任务工单

任务信息	任务名称	数/模转换电路的认知	姓　　名	
	班　　级		学　　号	
客户信息	姓　　名		使用年限	
	产品型号		任务日期	
客户需求	✏ _____			
任务内容	<ul><li>D/A 转换基本原理</li><li>倒 T 形电阻网络 DAC 的工作原理</li><li>典型 DAC0832 的内部结构、工作原理</li></ul>			
任务目标	知识目标 ● 理解 D/A 转换基本原理 ● 掌握倒 T 形电阻网络 DAC 的工作原理 ● 掌握典型 DAC0832 的内部结构、工作原理 技能目标 ● 能分析倒 T 形电阻网络 DAC 的工作原理 ● 能完成 DAC0832 的性能测试 素养目标 ● 安全规范、严谨细致、一丝不苟的科学态度 ● 自主学习，主动完成任务内容，提炼学习重点 ● 团结合作，主动帮助同学、善于协调工作关系			
任务重点	倒 T 形电阻网络 DAC 的工作原理			
任务难点	倒 T 形电阻网络 DAC 的工作原理			
思政引导	严谨认真、精益求精、以国家利益为重			
任务考核	学生自评 30%+学生互评 30%+教师评价 40%＝总评成绩			

知识储备

- 思政聚焦——大国工匠之大任担当。

思政聚集-大国工匠之大任担当

【资讯】

一、数/模转换器定义

数/模转换，就是将数字量转换成模拟电量，使输出的模拟电量与输入的数字量成正比。

实现数/模转换的电路称为数/模（D/A）转换器，也有简称为 DAC 的。

二、数/模转换器电路组成及转换原理

数/模转换器电路结构框图如图 8-48 所示，主要由数据锁存器、模拟电子开关、参考电压源、电阻译码网络和求和运放等几部分构成。$D_0 \sim D_{n-1}$ 为输入的 n 位二进制数；U 是与输入二进制数成正比的输出电压。

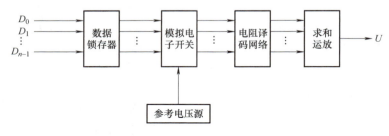

图 8-48　数/模转换器电路结构框图

转换原理：先将输入的每位二进制代码按其权的大小转换成相应的模拟量，再将代表各位的模拟量相加，得到的总模拟量就与数字量成正比，从而实现了从数字量到模拟量的转换。

三、倒 T 形电阻网络数/模转换电路

1. 电路结构

倒 T 形电阻网络数/模转换器电路结构如图 8-49 所示。

图中 $S_0 \sim S_3$ 为模拟开关；$R \sim 2R$ 为解码网络，A 为运算放大器；U_{REF} 为基准电压。

【引导问题】

问题［8-42］　简述数/模转换器定义。

问题［8-43］　数/模转换器主要由哪几部分构成？

问题［8-44］　数/模转换器转换原理是什么？

问题［8-45］　倒 T 形电阻网络数/模转换器由哪几部分构成？

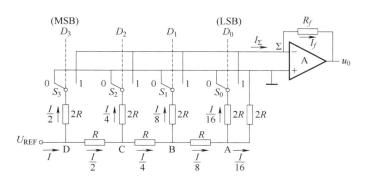

图 8-49　倒 T 形电阻网络数/模转换器电路结构

2. 工作原理

四个双向模拟开关 S_0、S_1、S_2、S_3 由输入的数字量 D_i 控制，当 D_i 为 1 时，S_i 接运算放大器反相端，电流 I_i 流入求和电路，当 D_i 为 0 时，S_i 与地接通。因为集成运算放大器的电流求和点 Σ 为虚地，所以每个 $2R$ 电阻上端无论接 0 还是 1，都相当于接"地"，从网络的 A、B、C、D 点分别向右看的对地电阻都是 R，因此 $I = U_{REF}/R$，流过 4 个 $2R$ 的电流分别为 $I/2$、$I/4$、$I/8$、$I/16$，于是可得到各支路的总电流为

$$I_\Sigma = \frac{I}{2}D_3 + \frac{I}{4}D_2 + \frac{I}{8}D_1 + \frac{I}{16}D_0 = \frac{U_{REF}}{R}\left(\frac{1}{2^1}D_3 + \frac{1}{2^2}D_2 + \frac{1}{2^3}D_1 + \frac{1}{2^4}D_0\right)$$

整理得

$$I_\Sigma = \frac{U_{REF}}{2^4 R}(D_3 \times 2^3 + D_2 \times 2^2 + D_1 \times 2^1 + D_0 \times 2^0)$$

输出电压为

$$u_0 = -I_f R_f = -I_\Sigma R_f = \frac{-U_{REF} R_f}{2^4 R}(D_3 \times 2^3 + D_2 \times 2^2 + D_1 \times 2^1 + D_0 \times 2^0)$$

问题 [8-46]　写出 n 位倒 T 型电阻网络数/模转换输出电压表达式。

3. 电路特点

1) 各支路电流直接流入运算放大器的输入端，它们之间不存在传输上的时间差，提高了转换速度。

2) 解码网络仅有 R 和 $2R$ 两种规模电阻，便于集成。

四、集成数/模转换器——DAC0832

DAC0832 是常用的集成数/模转换器，是用 COMS 工艺制成的双列直插式 8 位双缓冲数/模转换器。芯片采用 R-$2R$ T 形电阻网络，对参考电流进行分流完成数/模转换，转换结果以一组差动电流 I_{OUT1} 和 I_{OUT2} 输出。

1. DAC0832 的内部结构

数/模转换器 DAC0832 由 8 位输入寄存器、8 位数据寄存器、8 位数/模转换器构成，如图 8-50 所示。

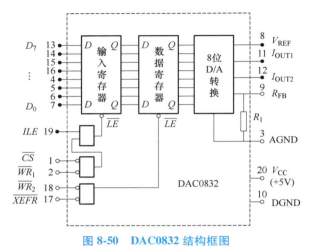

图 8-50　DAC0832 结构框图

2. DAC0832 芯片引脚

DAC0832 是 20 引脚的双列直插式芯片，如图 8-51 所示。各引脚的特性：

- $D_0 \sim D_7$：8 位数据输入线；
- ILE：数据锁存允许控制信号输入线，高电平有效；
- $\overline{CS}$：片选信号输入线，低电平有效；
- $\overline{WR_1}$：数据锁存器写选通输入线，负脉冲有效；
- $\overline{XEFR}$：数据传输控制信号输入线，低电平有效；

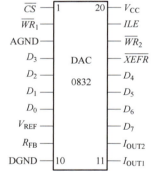

图 8-51　DAC0832 芯片引脚

- $\overline{WR_2}$：DAC 寄存器选通输入线，负脉冲有效；
- I_{OUT1}：电流输出端 1，当 DAC 寄存器各位为 1 时，输出电流为最大。当 DAC 寄存器各位为 0 时，输出电流为 0；
- I_{OUT2}：电流输出端 2，其值与 I_{OUT1} 值之和为一常数；
- R_{FB}：反馈信号输入线，改变 R_{FB} 端外接电阻值可调整转换满量程精度；
- V_{CC}：电源输入端，V_{CC} 的范围为 +5～+15V；
- V_{REF}：基准电压输入线，V_{REF} 的范围为 -10～+10V；
- AGND：模拟信号地；
- DGND：数字信号地。

3. DAC0832 工作方式

DAC0832 有三种工作方式：直通方式、单缓冲方式和双缓冲方式。

（1）单缓冲方式

单缓冲方式是控制输入寄存器和数据寄存器同时接收资料，或者只用输入寄存器而把数据寄存器接成直通方式。

（2）双缓冲方式

双缓冲方式是先使输入寄存器接收资料，再控制输入寄存器的输出资料到数据寄存器，即分两次锁存输入资料。

（3）直通方式

直通方式是资料不经两级锁存器锁存。即 $\overline{CS}$、$\overline{XFER}$、$\overline{WR_1}$、$\overline{WR_2}$ 均接地，ILE 接高电平。

任务实施

一、任务准备

从表 8-43 中选出任务所需设备工具,查阅资料将型号和数量填入图标下方。

1) 各组在实训室元器件库中,根据外形标识,正确选出 DAC0832 一个、μA741 一块、1N4148 二极管 2 个。

2) 将测试用仪器仪表直流稳压电源、函数信号发生器、数字万用表摆放好。

表 8-43　设备工具清单

集成芯片 DAC0832	运算放大器 μA741	1N4148 二极管	万用表
函数信号发生器	直流稳压电源	数字电子技术实验箱	

二、防护措施（见表 8-44）

表 8-44　防护措施

防护项目	具体内容	备注
个人安全防护	1. 工作人员尽量不佩戴影响操作的手表、首饰和其他配饰 2. 工作人员规范使用各种仪器仪表,一切按照既定流程操作 3. 注意元器件引脚扎到手	
设备安全防护	1. 各仪器仪表是否在合格使用期内,并检测仪器仪表是否正常工作 2. 检查集成电路是否有引脚断裂或弯曲情况	
场地安全防护	1. 场地安全标识到位 2. 现场灭火设施完善 3. 现场不相关设备,特别是影响作业设备清场	

三、任务分配（见表 8-45）

表 8-45 任务分配表

职　　务	代　　码	姓　　名	工作内容
组长	A		
组员	B		
	C		
	D		

四、任务步骤

1）在数字电子实验箱上按图 8-52 连接电路，DAC0832 接成直通工作方式。

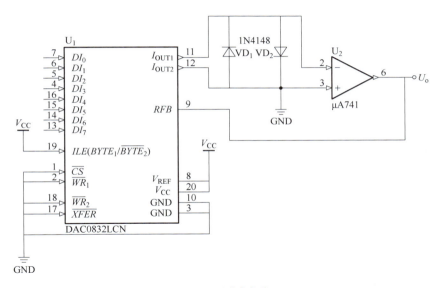

图 8-52 测试电路

2）将输入端 DI_0、DI_1、DI_2、DI_3、DI_4、DI_5、DI_6、DI_7 置"0"，用数字万用表测出输出端电压 U_o。

3）从输入数字量的最低位开始，逐位置"1"，用万用表分别测试输出电压 U_o，将结果记入表 8-46 中，并与理论值进行比较，验证 DAC0832 的逻辑功能。

表 8-46 DAC0832 功能测试

输入数字信号								输出电压 U_o/V	
DI_7	DI_6	DI_5	DI_4	DI_3	DI_2	DI_1	DI_0	测量值	理论值
0	0	0	0	0	0	0	0		
0	0	0	0	0	0	0	1		

(续)

输入数字信号								输出电压 U_o/V	
DI_7	DI_6	DI_5	DI_4	DI_3	DI_2	DI_1	DI_0	测量值	理论值
0	0	0	0	0	0	1	0		
0	0	0	0	0	1	0	0		
0	0	0	0	1	0	0	0		
0	0	0	1	0	0	0	0		
0	0	1	0	0	0	0	0		
0	1	0	0	0	0	0	0		
1	0	0	0	0	0	0	0		
1	1	1	1	1	1	1	1		

结论：

五、结果分析（见表 8-47）

表 8-47 结果分析表

项　目	内　容	备　注
根据测量的数据分析 DA 转换器的特性		
DA 转换器的逻辑功能		
遇到的问题和解决方法		

评价反馈

表 8-48 考核评分表

任务名称	数/模转换电路的认知		姓名		学号		任务得分	
考核项目	考核内容	配分	评分标准				自评30% 互评30% 师评40%	得分

考核项目	考核内容	配分	评分标准				自评30%	互评30%	师评40%	得分
知识技能 30分	能仔细阅读资讯材料，画出重点内容	5	优5	良4	合格3	不合格0				
	能借助信息化资源进行信息收集，自主学习	10	优10	良8	合格6	不合格0				
	能正确完成引导问题，写出完整答案	10	优10	良8	合格6	不合格0				
	能与老师进行交流，提出关键问题，有效互动	5	优5	良4	合格3	不合格0				
实操技能 50分	IC引脚与插座接触良好，每个引脚不能弯曲或折断	10	每处错误扣1分							
	接线及改变接线时，关闭电源	5	每次错误扣1分							
	元器件的位置、连线正确	10	每处错误扣1分							
	整体布局合理美观	5								
	功能测试	15	操作步骤不正确扣2分，一次不成功扣5分							
	文明操作，工作台面清洁，工具摆放整齐，工作过程规范	5	违反有关规定，酌扣2~4分							
态度情感 20分	态度端正，认真参与，有集体荣誉感和团队意识	5	优5	良4	合格3	不合格0				
	安全操作，无损伤损坏元件及设备	10	优10	良8	合格6	不合格0				
	执行8S管理标准	5	优5	良4	合格3	不合格0				

任务总结

请简单总结任务的完成过程及一些心得体会。

_____
_____
_____
_____

任务六　模/数转换电路的认知

任务工单

表 8-49　任务工单

任务信息	任务名称	模/数转换电路的认知	姓　名	
	班　级		学　号	
客户信息	姓　名		使用年限	
	产品型号		任务日期	
客户需求				
任务内容	• A/D 转换基本原理 • 逐次逼近型 ADC 的工作原理 • 典型 ADC0809 的内部结构、工作原理			
任务目标	知识目标 • 理解 A/D 转换基本原理 • 理解逐次逼近型 ADC 的工作原理 • 掌握典型 ADC0809 的内部结构、工作原理 技能目标 • 能分析逐次逼近型 ADC 的工作原理 • 能完成 ADC0809 的性能测试 素养目标 • 安全规范、严谨细致、一丝不苟的科学态度 • 自主学习，主动完成任务内容，提炼学习重点 • 团结合作，主动帮助同学、善于协调工作关系			
任务重点	A/D 转换原理、逐次逼近型 ADC 工作原理			
任务难点	逐次逼近型 ADC 工作原理			
思政引导	敢于创新、严谨认真、追求完美			
任务考核	学生自评 30%+学生互评 30%+教师评价 40%＝总评成绩			

知识储备

• 思政聚焦——大国工匠胡双钱的工匠精神。

思政聚焦-大国工匠胡双钱的工匠精神

【资讯】

一、模/数转换器定义

将模拟信号转换成数字信号的电路，称为模/数（A/D）转换器，也有简称 ADC 的。

二、模/数转换原理

模/数转换的作用是将时间连续、幅值也连续的模拟信号转换为时间离散、幅值也离散的数字信号，因此，模/数转换一般要经过采样、保持、量化及编码 4 个过程。

1. 采样

由于要转换的模拟信号在时间上是连续的，有无限多个值，模/数转换不可能将每个瞬时值都转换成数字信号，而只能转换其中有限个值，必须在连续变化的模拟量上按一定的规律取出一些瞬时值来代表这个连续的模拟量，这个过程就是采样。采样过程如图 8-53 所示。

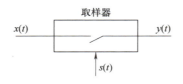

图 8-53 采样

图中，$s(t)$ 是采样脉冲，$x(t)$ 是输入模拟信号，$y(t)$ 是采样后输出信号。取样器是一个受采样脉冲信号控制的电子开关。在采样脉冲有效期内，开关接通，输出等于输入信号；在其他时间内，输出为 0。各信号波形如图 8-54 所示。

只要采样脉冲频率（f_s）大于等于输入模拟信号最高频率（f_{max}）的 2 倍，即 $f_s \geq 2f_{max}$，则输出采样信号就能够正确地反映输入信号。这是广泛使用的采样定理。

【引导问题】

问题 [8-47] 简述模/数转换器定义。
_____
_____
_____
_____

问题 [8-48] 模/数转换器的作用是什么？
_____
_____
_____
_____

问题 [8-49] 模/数转换一般要经过哪几个过程？
_____
_____
_____
_____

问题 [8-50] 采样脉冲 $s(t)$ 的频率越高，采样的数据就_____，所取得的数据就越能真实地还原_____。

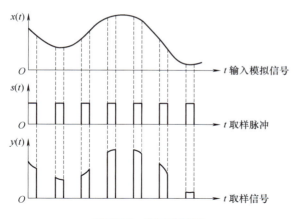

图 8-54 信号波形图

2. 保持

在实际中，模/数转换速度往往跟不上采样的速度，即第一个模拟值模/数转换还未完成，第二个、第三个采样又在进行了，所以在每次采样以后，需要把采样电压保持一段时间。

3. 量化

量化是把采样-保持电路的输出电压按照某种近似方式归化到与之相应的离散电平上。量化后的基准电平称为量化电平。

4. 编码

将量化结果用二进制代码表示，称为编码，该二进制代码就是模/数转换的结果。

三、逐次逼近型模/数转换器

1. 电路结构框图

逐次逼近型模/数转换器由控制逻辑电路、数据寄存器、移位寄存器、模/数转换器及电压比较器组成。如图 8-55 所示。

2. 工作原理

逐次逼近转换过程和用天平称物重非常相似。天平称重物过程是，从最重的砝码开始试放，与被称物体进行比较，若物体重于砝码，则该砝码保留，否则移去。再加上第二个次重砝码，由物体的重量是否大于砝码的重量决定第二个砝码是留下还是移去。照此一直加到最小一个砝码为止。将所有留下的砝码重量相加，就得此物体的重量。仿照这一思路，逐次比较型模/数转换器，就是将输入模拟信号与不同的参考电压作多次

问题 [8-51] 逐次逼近型模/数转换器由哪几部分组成？

问题 [8-52] 简述逐次逼近型模/数转换器工作原理。

比较，使转换所得的数字量在数值上逐次逼近输入模拟量对应值。

对图 8-55 电路，转换开始前先将寄存器清零，所以加给数/模转换器的数字量也全是 0，在第一个时钟脉冲作用下，时钟信号首先将寄存器的最高位置为 1，使寄存器的输出为 100…00。这个数字量被数/模转换器转换为相应的模拟电压 u_o，并送到比较器与输入信号 u_i 相比较。如果 $u_o > u_i$，则这个 1 应去掉；反之则保留。然后再用同样方法将次高位置 1，并比较 u_o 与 u_i 的大小以确定该位的 1 是否保留。这样逐位比较下去，直到比较到最低位为止。这时寄存器里所存的数码就是所求的输出数字量。

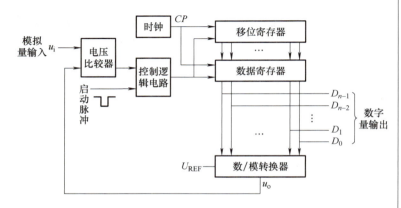

图 8-55　逐次逼近型模/数转换器框图

四、集成模/数转换器——ADC0809

ADC0809 是 8 通道，8 位逐次逼近式模/数转换器。其内部有一个 8 通道多路开关，它可以根据地址码锁存译码后的信号，只选通 8 路模拟输入信号中的一个进行模/数转换。

1. ADC0809 的内部结构

ADC0809 是 CMOS 单片型逐次逼近式模/数转换器，它由 8 路模拟开关、地址锁存与译码器、模/数转换器和一个三态输出锁存器组成。多路开关可选通 8 个模拟通道，允许 8 路模拟量分时输入，共用模/数转换器进行转换。三态输出锁存器用于锁存模/数转换完的数字量，当 OE 端为高电平时，才可以从三态输出锁存器取走转换完的数据，如图 8-56 所示。

问题 [8-53]　ADC0809 转换器由哪几部分组成？

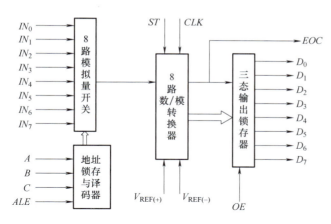

图 8-56　ADC0809 结构框图

2. ADC0809 芯片引脚

ADC0809 芯片有 28 条引脚，采用双列直插式封装，如图 8-57 所示。

引脚功能：

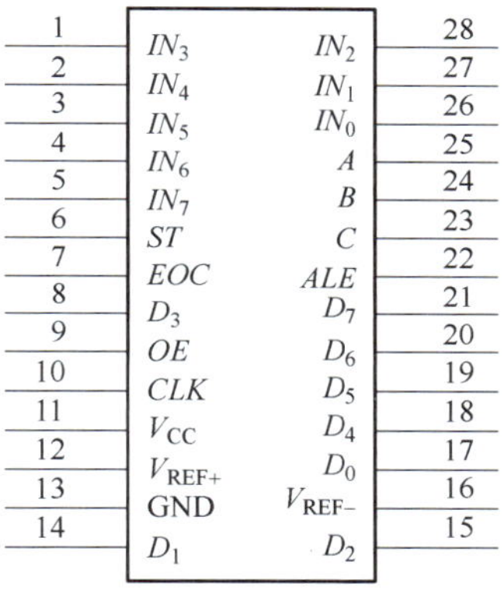

• $IN0 \sim IN7$：8 路模拟量输入端。

• $D_7 \sim D_0$：8 位数字量输出端。

• A、B、C：3 位地址输入线，用于选通 8 路模拟输入中的一路。

• ALE：地址锁存允许信号，输入端，产生一个正脉冲以锁存地址。

图 8-57　ADC0809 芯片引脚

• ST：A/D 转换启动脉冲输入端，输入一个正脉冲（至少 100ns 宽）使其启动（脉冲上升沿使 0809 复位，下降沿启动 A/D 转换）。

• EOC：A/D 转换结束信号，输出端，当 A/D 转换结束时，此端输出一个高电平（转换期间一直为低电平）。

• OE：数据输出允许信号，输入端，高电平有效。当 A/D 转换结束时，此端输入一个高电平，才能打开输出三态门，输出数字量。

• CLK：时钟脉冲输入端。（一般为 500kHz）

• V_{REF+}、V_{REF-}：基准电压。

• V_{CC}：+5V 工作电压。

• GND：地。

一、任务准备

从表 8-50 中选出任务所需设备和工具，查阅资料，将型号和数量填入图标下方。

1）各组在实训室元器件库中，根据外形标识，正确选出 ADC0809、发光二极管 9 个、470Ω 电阻 9 个。

2）将测试用仪器仪表直流稳压电源、函数信号发生器、数字万用表摆放好。

表 8-50　设备工具清单

集成芯片 ADC0809	发光二极管	470Ω 电阻	万用表
函数信号发生器	直流稳压电源	数字电子技术实验箱	

二、防护措施（见表 8-51）

表 8-51　防护措施

防护项目	具体内容	备注
个人安全防护	1. 工作人员尽量不佩戴影响操作的手表、首饰和其他配饰 2. 工作人员规范使用各种仪器仪表，一切按照既定流程操作 3. 注意元器件引脚扎到手	
设备安全防护	1. 各仪器仪表是否在合格使用期内，并检测仪器仪表是否正常工作 2. 检查集成电路是否有引脚断裂或弯曲情况	
场地安全防护	1. 场地安全标识到位 2. 现场灭火设施完善 3. 现场不相关设备，特别是影响作业设备清场	

三、任务分配（见表 8-52）

表 8-52　任务分配表

职　务	代　码	姓　名	工作内容
组长	A		
组员	B		
	C		
	D		

四、任务步骤

1）按图 8-58 连接电路。三位地址线接 001，选通模拟输入 IN_1 通道进行 A/D 转换。因此在 IN_1 接输入模拟电压，由直流可调稳压电源提供，电压范围为 0～5V。CLK 接 1kHz 连续脉冲作为 ADC0809 的时钟信号，启动信号和地址锁存信号接点动脉冲，在信号的上升沿时将所有内部寄存器清零，在下降沿时开始进行模/数转换。OE 接高电平，允许将转换结果输出。EOC 为转换结束信号输出端，变为高电平时表示模/数转换结束。

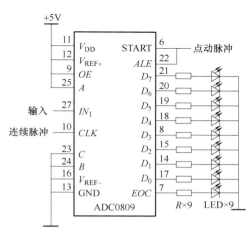

图 8-58　测试电路

2）调节输入电压，使输出数字量按表 8-53 变化，记录相对应的输入模拟电压大小。将结果记入表 8-53 中。

表 8-53　ADC0809 功能测试

输入模拟电压	输出数字信号							
$u_i(V)$	D_7	D_6	D_5	D_4	D_3	D_2	D_1	D_0
	0	0	0	0	0	0	0	1
	0	0	0	0	0	0	1	0
	0	0	0	0	0	1	0	0
	0	0	0	0	1	0	0	0
	0	0	0	1	0	0	0	0
	0	0	1	0	0	0	0	0
	0	1	0	0	0	0	0	0
	1	0	0	0	0	0	0	0
	1	1	1	1	1	1	1	1
	0	0	0	0	0	0	0	0

结论：

五、结果分析(见表 8-54)

表 8-54 结果分析表

项 目	内 容	备 注
根据测量的数据分析 AD 转换器的特性		
AD 转换器的逻辑功能		
遇到的问题和解决方法		

评价反馈

表 8-55 考核评分表

任务名称	模/数转换电路的认知		姓名		学号			任务得分		
考核项目	考核内容	配分	评分标准				自评30%	互评30%	师评40%	得分
知识技能 30 分	能仔细阅读资讯材料，画出重点内容	5	优 5	良 4	合格 3	不合格 0				
	能借助信息化资源进行信息收集，自主学习	10	优 10	良 8	合格 6	不合格 0				
	能正确完成引导问题，写出完整答案	10	优 10	良 8	合格 6	不合格 0				
	能与老师进行交流，提出关键问题，有效互动	5	优 5	良 4	合格 3	不合格 0				
实操技能 50 分	IC 引脚与插座接触良好，每个引脚不能弯曲或折断	10	每处错误扣 1 分							
	接线及改变接线时，关闭电源	5	每次错误扣 1 分							
	元器件的位置、连线正确	10	每处错误扣 1 分							
	整体布局合理美观	5								
	功能测试	15	操作步骤不正确扣 2 分，一次不成功扣 5 分							
	文明操作，工作台面清洁，工具摆放整齐，工作过程规范	5	违反有关规定，酌扣 2~4 分							
态度情感 20 分	态度端正，认真参与，有集体荣誉感和团队意识	5	优 5	良 4	合格 3	不合格 0				
	安全操作，无损伤损坏元器件及设备	10	优 10	良 8	合格 6	不合格 0				
	执行 8S 管理标准	5	优 5	良 4	合格 3	不合格 0				

任务总结

请简单总结任务的完成过程及一些心得体会。

_____
_____
_____
_____

任务七　数字秒表的设计与制作

任务工单

表 8-56　任务工单

任务信息	任务名称	数字秒表的设计与制作	姓　　名	
	班　　级		学　　号	
客户信息	姓　　名		使用年限	
	产品型号		任务日期	
客户需求				
任务内容	• 数字秒表的组成及工作原理 • 数字秒表各单元电路的功能 • 数字秒表的组装及调试			
任务目标	知识目标 • 掌握数字秒表的组成及工作原理 • 掌握数字秒表各单元电路的功能 技能目标 • 能独立组装焊接数字秒表电路 • 能正确使用仪器仪表 • 能根据故障现象，分析、判断数字秒表电路故障原因并调试电路 素养目标 • 安全规范、严谨细致，一丝不苟的科学态度 • 自主学习，主动完成任务内容，提炼学习重点 • 团结合作，主动帮助同学、善于协调工作关系			
任务重点	数字秒表的组装及调试			
任务难点	根据故障现象，分析、判断数字秒表电路故障原因并调试电路			
思政引导	耐心细心、专注坚持、精益求精			
任务考核	学生自评 30%+学生互评 30%+教师评价 40%＝总评成绩			

知识储备

- 扫描二维码，观看数字秒表的设计与制作微课。
- 思政聚焦——大国工匠之匠心报国。

数字秒表的设计与制作　　　　　思政聚焦-大国工匠之匠心报国

【资讯】

一、设计任务要求

设计一个数字秒表电路，通过定时开关 S_1 的设定，可以定时 30s 和 60s。并且通过 S_1 可以以数显式秒定时器 30s 和 60s 两种不同的定时时间显示，并伴有秒闪指示灯 LED_1 闪烁，按键 SB_1 可对计数全部作清零处理。

二、电路设计

1. 数字秒表电路组成

数字秒表电路主要由计数选择电路、多谐振荡器、计数器、译码器、数码管、复位电路组成，方框图如图 8-59 所示。

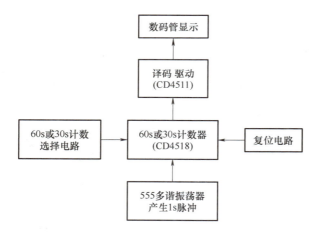

图 8-59　数字秒表电路结构框图

2. 数字秒表电路各组成部分分析

（1）计数脉冲产生

NE555 振荡电路产生矩形脉冲，通过 3 脚送往（个位）CD4518 的 CP 端，如图 8-60 所示。CD4518 引脚排列如图 8-61 所示。

【引导问题】

问题 [8-54]　数字秒表电路一般由哪几部分组成？

_____
_____
_____
_____
_____

项目八　数字秒表的设计与制作

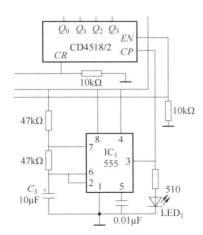

图 8-60　计数脉冲产生电路

问题 [8-55]　NE555 振荡电路的作用是什么？

（2）CD4518 进行加法计数

CD4518 的引脚排列如图 8-61 所示。

- $1CP$、$2CP$：时钟输入端。
- $1CR$、$2CR$：清除端。
- $1EN$、$2EN$：计数允许控制端。
- $1Q_0 \sim 1Q_3$：计数器输出端。
- $2Q_0 \sim 2Q_3$：计数器输出端。
- V_{DD}：正电源。
- V_{SS}：地。

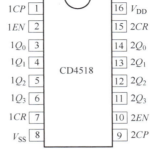

图 8-61　CD4518 引脚排列

CD4518 控制功能：CD4518 有两个时钟输入端 CP 和 EN，若用时钟上升沿触发，信号由 CP 输入，此时 EN 端为高电平 1，若用时钟下降沿触发，信号由 EN 输入，此时 CP 端为低电平 0，同时复位端 CR 也保持低电平 0，只有满足了这些条件时，电路才会处于计数状态。

CD4518 加法计数电路如图 8-62 所示，CD4518（十位）的 CP 端接地，Q_0、Q_1、Q_2 三个端口接 2 个与非门，通过一个开关送到（个位）加法器的（EN）端用于保持 CD4518 的 CP 端为高电平有效，所以把两个 CR 端相连，然后接一个电阻到地。

（3）芯片 CD4511

是一片 CMOS BCD—锁存/7 段译码/驱动器，用于驱动共阴极 LED（数码管）显示器的 BCD 码-七段码译码器。如图 8-63 所示。

3. 数字秒表工作原理

数字秒电路原理如图 8-64 所示。

问题 [8-56]　定时 30s 的数字秒表定时器，当计时到 30s 时，CD4518 十位上输出 $Q_3 Q_2 Q_1 Q_0$ 为_____，则与非门的输出为_____，使计数器停止。

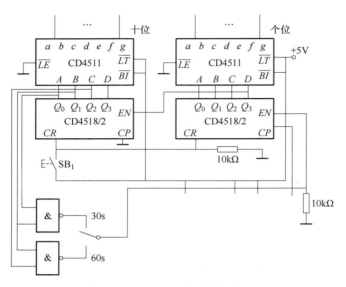

图 8-62 CD4518 加法计数电路

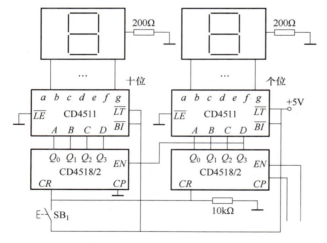

图 8-63 CD4511 译码显示电路

问题 [8-57] LED 数字显示器有几种接法？各有什么特点？

_____
_____
_____
_____
_____

工作原理：

1）IC_1 及周围定时元器件构成一个振荡器，第 3 脚输出 1Hz 频率的脉冲，一路驱动 LED 做秒闪显示，另一路作为 IC_{4B} 的基准时钟脉冲（第 9 脚），使其内部计数器每秒钟加 1，它输出的二进制 BCD 码经过 IC_3 译码后，驱动数码管 DS_2 显示个位数字。当 IC_{4B} 计数从 9 到 10 时，其内部计数器自动清零（1001-0000），第 14 脚产生的下降沿脉冲作为 IC_{4A} 的时钟输入信号，使其内部计数器加 1，它输出的二进制 BCD 码经过 IC_2 译码后，驱动数码管 DS_1 显示十位数字。

2）若开关 S_1 连接 30s 位置，当 IC_{4A} 计数输出 0011 时，IC_{5A} 第 3 脚输出低电平，控制 IC_{4B} 的使能端 EN 使其内部计数器停止计数，数码管固定显示 30，表示 30s 计时时间到。

3）若开关 S_1 连接 60s 位置，当 IC_{4A} 计数输出 0110 时，IC_{5A} 第 4 脚输出低电平，控制 IC_{4B} 的使能端 EN 使其内部计数器停止计数，数码管固定显示 60，表示 60s 计时时间到。

4）按下按键 SB_1 计数全部清零。

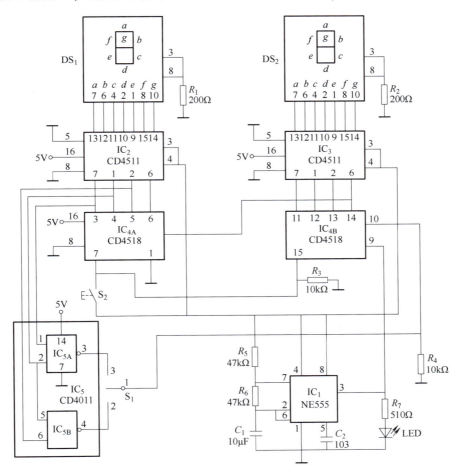

图 8-64 数字秒表电路原理图

一、任务准备

从表 8-57 中选出任务所需元器件、设备和工具、将型号规格及所需数量填入表 8-58 中。

1）各组分别领取数字秒表定时器套件及耗材。

2）清点和检查全套装配材料数量和质量，用万用表检测所有元器件的好坏，将表 8-58 中的内容填写完整。

表 8-57　设备工具清单

电解电容	发光二极管	电阻	数码管
瓷片电容	NE555	CD4518	CD4511
74LS00	按钮	开关	偏口钳
万用表	电烙铁	焊锡丝	吸锡器
+5V 电源	PCB		

表 8-58　元器件清单

序号	名称	型号规格	数量	检测结果	备注
1	电阻				
2	电阻				
3	电阻				
4	电阻				
5	电解电容				
6	瓷片电容				
7	NE555				
8	CD4518				
9	CD4511				
10	74LS00				
11	数码管				
12	按钮				
13	开关				
14	发光二极管				
15	接线端子				

二、防护措施（见表 8-59）

表 8-59　防护措施

防护项目	具体内容	备注
个人安全防护	1. 工作人员尽量不佩戴影响操作的手表、首饰和其他配饰 2. 工作人员规范使用各种仪器仪表，一切按照既定流程操作 3. 注意元器件引脚扎到手 4. 避免电烙铁烫伤手	
设备安全防护	1. 各仪器仪表是否在合格使用期内，并检测仪器仪表是否正常工作 2. 检查集成电路是否有引脚断裂或弯曲情况	
场地安全防护	1. 场地安全标识到位 2. 现场灭火设施完善 3. 现场不相关设备，特别是影响作业设备清场	

三、任务分配（见表 8-60）

表 8-60　任务分配表

职　务	代　码	姓　名	工作内容
组长	A		
组员	B		
	C		
	D		

四、任务步骤

1）按电路板尺寸对元器件进行弯脚及整形，元器件型号及数值应放在可见的位置。

2）在电路板上进行元器件安装，集成芯片应安装芯片插座。

3）元器件焊接。焊接顺序：先焊细导线和小型元器件，后焊晶体管、集成块，最后焊接体积较大较重的元件。

4）通电前检查，将检查结果填入表 8-61。

表 8-61　检查结果信息表

序号	检查项目	检查结果
1	电源是否接错	
2	电源与地是否短接	
3	二极管方向是否接反	
4	电解电容极性是否接反	
5	集成电路引脚是否接错	
6	晶体管引脚是否接错	

5）通电检查。

调试好电源电压数值，接通电源观察是否有异常现象，如冒烟、异常气味、放电的声光、元器件发烫等，若有，应及时关闭电源，排除故障后再次接通电源。

6）整体调试。

分别连接到 30s 或 60s 进行测试并调试。测试完毕断开电源。

7）清理现场，严格按照 8S 标准整理现场，清洁、清扫实训环境，整理、整顿所用器材。

五、结果分析（见表 8-62）

表 8-62 结果分析表

项　　目	内　　容	备　　注
元器件识别与检测方法		
通电前检查内容		
通电调试过程		
遇到的问题和解决方法		

项目八 数字秒表的设计与制作

 评价反馈

表 8-63 考核评分表

任务名称	数字秒表的设计与制作		姓名		学号			任务得分		
考核项目	考核内容	配分	评分标准				自评 30%	互评 30%	师评 40%	得分
知识技能 30 分	能仔细阅读资讯材料,画出重点内容	5	优 5	良 4	合格 3	不合格 0				
	能借助信息化资源进行信息收集,自主学习	10	优 10	良 8	合格 6	不合格 0				
	能正确完成引导问题,写出完整答案	10	优 10	良 8	合格 6	不合格 0				
	能与老师进行交流,提出关键问题,有效互动	5	优 5	良 4	合格 3	不合格 0				
实操技能 50 分	能正确分析电路的工作原理	5	一处错误扣 1 分							
	10min 内完成所有元器件的清点、检测及调换	10	超出规定时间更换元件扣 1 分/个;检测数据错误扣 1 分/处							
	工具使用正确,焊点规范	5	一处错误扣 1 分							
	元件的位置正确	5	损坏元器件,错装、漏装元器件,扣 1 分/个							
	电路功能测试	10	一次不成功扣 2 分							
	故障分析检修	10	故障分析错误扣 2 分/次;检修结果错误,扣 2 分/次							
	文明操作,工作台面清洁,工具摆放整齐,工作过程规范	5	违反有关规定,酌扣 2~4 分							
态度情感 20 分	态度端正,认真参与,有集体荣誉感和团队意识	5	优 5	良 4	合格 3	不合格 0				
	安全操作,无损伤损坏元件及设备	10	优 10	良 8	合格 6	不合格 0				
	执行 8S 管理标准	5	优 5	良 4	合格 3	不合格 0				

任务总结

请简单总结任务的完成过程及一些心得体会。

_____
_____
_____
_____

电工电子技术项目实践

巩固练习

姓名_____

班级_____

学号_____

项目一　巩固练习

一、填空题

1. 某电阻元件的额定参数为"1kΩ、2.5W"，正常使用时允许流过的最大电流为（　　　　）。
2. 白炽灯上写着额定电压220V，是指（　　　　）。
3. 实验室中的交流电压表和电流表，其读出值是交流电的（　　　　）。
4. 两个电阻串联接到电压为120V的电压源，电流为3A；并联接到同一电压源，电流为16A，则这两个电阻分别为（　　　　）。

二、判断题

1. 《北京市安全生产条例》规定，安全警示标志应当明显、保持完好、便于从业人员和社会公众识别。（　　）
2. 《中华人民共和国安全生产法》规定，从业人员发现危及人身安全的紧急情况时，无权停止作业或者在采取可能的应急措施后撤离作业场所。（　　）
3. 《中华人民共和国安全生产法》规定，从业人员应当接受安全生产教育和培训，掌握本职工作所需的安全生产知识。（　　）
4. 《中华人民共和国安全生产法》规定，从业人员应当遵守本单位的安全生产规章制度和操作规程，正确佩戴和使用劳动防护用品。（　　）
5. 《中华人民共和国安全生产法》规定，负有安全生产监督管理职责的部门依法对存在隐患的生产经营单位作出停产停业、停止施工、停止使用相关设施或者设备的决定，生产经营单位应当依法执行，及时消除事故隐患。（　　）
6. 《中华人民共和国安全生产法》规定，国家实行生产安全事故责任追究制度，依照本法和有关法律、法规的规定，追究生产安全事故责任人员的法律责任。（　　）
7. 《中华人民共和国安全生产法》规定，任何单位或者个人对事故隐患或者安全生产违法行为，均有权向负有安全生产监督管理职责的部门报告或者举报。（　　）
8. 《中华人民共和国安全生产法》规定，危险物品是指易燃易爆物品、危险化学品、放射性物品、有毒物品等能够危及人身安全和财产安全的物品。（　　）
9. 《中华人民共和国安全生产法》规定，未经安全生产教育和培训合格的从业人员，不得上岗作业。（　　）
10. 1kW·h俗称1度电。1kW·h = 1000J。（　　）
11. 25W电烙铁，每天使用4h，求每月（按22天）耗电量是2.2kW·h。（　　）
12. 办公室、宿舍的灯，每盏应设开关控制。（　　）

13. 帮助触电人尽快脱离电源是救活触电人的首要因素。（   ）
14. 保护单台并联电容器的熔断器，其熔丝额定电流按并联电容器额定电流的1.5～2.5 倍选用。（   ）
15. 采用人工呼吸时，应使触电人仰卧，并使其头部充分后仰。（   ）
16. 串联电路中各元件上的电流必定相等。（   ）
17. 带绝缘柄的工具、绝缘手套、试电笔都属于低压基本安全用具。（   ）
18. 重量大于 0.5kg 的灯具应采用吊链、吊管吊装，灯线不得受力。（   ）
19. 灯头与易燃烧物的净距一般不小于 300mm。（   ）
20. 低压接户线应采用绝缘导线，铜、铝导线均可。（   ）
21. 额定电压为 220V 的白炽灯，如果电源电压降低 10%，其电功率也将下降 10%。（   ）
22. 两个并联电阻的等效电阻的电阻值小于其中任一个电阻的电阻值。（   ）
23. 室内照明支线，每一个单相回路，灯具和插座的数量不得超过 30 个，断路器过电流脱扣电流值不应大于 15A。（   ）
24. 灯泡与可变电阻并联接到电压源上，当可变电阻减小时灯泡的分流也减小，所以灯泡变暗。（   ）

三、选择题

1. （   ）组合是在低压操作中使用的基本安全用具。
   A. 绝缘手套、试电笔、带绝缘柄的工具　B. 绝缘鞋、试电笔、带绝缘柄的工具
   C. 试电笔、绝缘靴、绝缘垫　　　　　　D. 绝缘手套、试电笔、绝缘鞋
2. （   ）是最危险的电流途径。
   A. 左手至脚　　　　　　　　　　　　　B. 右手至脚
   C. 左手至右手　　　　　　　　　　　　D. 左手至胸部
3. "禁止合闸，有人工作！"标示牌的颜色应该是（   ）。
   A. 白底黑字　　　　　　　　　　　　　B. 白底红字
   C. 红底白字　　　　　　　　　　　　　D. 黑底白字

四、问答题

1. 当你发现触电者被高压电源击倒时，首先应该采取什么措施？

2. 使触电者脱离低压电源可采取什么方法？

3. 如何正确使用测电笔测量交流电?

4. 电工实训室都配有电压为多少伏的交流电?各有什么用处?

5. 电力系统有哪几个重要组成部分?各发挥什么功能?

五、项目小结

项目二 巩固练习

一、填空

1. 电路通常由（　　　　）、（　　　　）和（　　　　）三部分组成。
2. 电荷有规则的定向运动即形成电流。习惯上规定（　　　　）的方向为电流的实际方向。
3. （　　　　）的高低与参考点有关，是相对的量；（　　　　）的大小与参考点无关，只取决于两点电位的差值，是绝对的量。
4. 实际电压源模型"40V、5Ω"等效为电流源模型时，其电流源 I_S =（　　　　）A，内阻 R_i =（　　　　）Ω。
5. 实际电流源模型"1A、10Ω"等效为电压源模型时，其电压源 U_S =（　　　　）V，内阻 R_0 =（　　　　）Ω。
6. 在多个电源共同作用的（　　　　）电路中，任一支路的响应均可看成是由各个激励单独作用下在该支路上所产生的响应的（　　　　）称为叠加定理。
7. 应用叠加定理将某些独立源置零，就是把电压源（　　　　），把电流源（　　　　）。

二、判断题

1. 电路等效变换时，如果一条支路的电压为零，可按短路处理。（　　）
2. 两个电路等效，既无论其内部还是外部都相同。（　　）
3. 基尔霍夫电压定律仅适用于闭合回路中各电压之间的约束关系。（　　）
4. 电流由元件的低电位端流向高电位端的参考方向称为关联方向。（　　）
5. 电压和电流计算结果得负值，说明它们的参考方向假设反了。（　　）
6. 当实际电压源的内阻为零时，就成为理想电压源。（　　）
7. 电阻元件在电路中总是消耗功率，而电压源和电流源总是发出功率。（　　）

三、选择题

1. 已知空间有 a、b 两点，电压 U_{ab} = 10V，a 点电位为 U_a = 4V，则 b 点电位 U_b 为（　　）。
   A. 6V　　　　　　B. -6V　　　　　　C. 14V
2. 一电阻 R 上 u、i 参考方向不一致，令 u = -10V，消耗功率为 0.5W，则电阻 R 为（　　）。
   A. 200Ω　　　　　B. -200Ω　　　　　C. ±200Ω
3. 当电路中电流的参考方向与电流的真实方向相反时，该电流（　　）。
   A. 一定为正值　　B. 一定为负值　　C. 不能肯定是正值或负值

4. 实验测得某有源二端网络的开路电压为 10V，短路电流为 5A，则当外接 8Ω 电阻时，其端电压为（   ）。

A. 10V　　　　　　B. 5V　　　　　　C. 8V　　　　　　D. 2V

5. 用叠加原理计算复杂电路，就是把一个复杂电路化为（   ）电路进行计算的。

A. 单电源　　　　　B. 较大　　　　　C. 较小　　　　　D. R、L

四、计算题

1. 图 2-1a、b 电路中，若让 $I=0.6A$，$R=?$ 图 2-1c、d 电路中，若让 $U=0.6V$，$R=?$

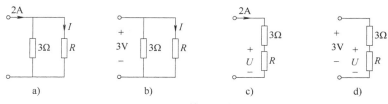

图 2-1　计算题 1 电路图

2. 如图 2-2a 所示电路，已知元件吸收功率为 -20W，电压 U 为 5V，求电流 I；如图 2-2b 所示电路，已知元件中通过的电流为 -100A，电压 U 为 10V，求电功率 P，并说明元件性质。

图 2-2　计算题 2 图

3. 用叠加原理求如图 2-3 所示电路中的电流 I_2。

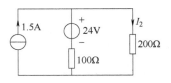

图 2-3　计算题 3 电路图

4. 某浮充供电电路如图 2-4 所示。整流器直流输出电压 $U_{S1} = 250V$，等效内阻 $R_{S1} = 1\Omega$，浮充蓄电池组的电压值 $U_{S2} = 239V$，内阻 $R_{S2} = 0.5\Omega$，负载电阻 $R_L = 30\Omega$，指出图 3 电路中有几个节点、支路、回路和网孔，并对节点列出基尔霍夫电流定律，对网孔列基尔霍夫电压定律，分别求出电流 I_1、I_2、I_3 的值。

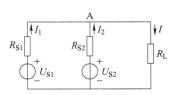

图 2-4　计算题 4 电路图

五、项目小结

_____
_____
_____
_____

项目三 巩固练习

一、填空题

1. 反映正弦交流电振荡幅度的量是它的（　　　　）；反映正弦量随时间变化快慢程度的量是它的（　　　　）；确定正弦量计时始位置的是它的（　　　　）。

2. 正弦量的（　　　）值等于与其（　　　）相同的直流电的数值。实际应用的电表交流指示值和我们实验的交流测量值，都是指交流电的（　　　）值。工程上所说的交流电压、交流电流的数值，通常也都是指交流电的（　　　）值，此值与正弦交流电最大值之间的数量关系是（　　　　　　　　）。

3. 已知正弦量 $i = 10\sqrt{2}\sin(\omega t - 60°)$ A，则它的有效值相量的模等于（　　　）A；它的有效值相量的幅角等于（　　　）。

4. 电感元件上的电压和电流相位存在 90°关系，且电压（　　　）电流 90°；电容元件上的电压、电流相位也存在（　　　）关系。

5. （　　　）三角形是相量图，因此可定性地反映各电压相量之间的（　　　）关系及相位关系，（　　　）三角形和（　　　）三角形不是相量图，因此它们只能定性地反映各量之间的（　　　）关系。

6. 正弦交流电路中，电阻元件上的阻抗 $=|Z|$（　　　），与频率（　　　）；电感元件上的阻抗 $|Z| = $（　　　），与频率（　　　）；电容元件上的阻抗 $|Z| = $（　　　），与频率（　　　）。

7. （　　　）的电压和电流构成的是有功功率，用 P 表示，单位为（　　　）；电感和电容的电压和电流构成无功功率，用 Q 表示，单位为（　　　）。

8. R、L、C 串联电路中，电路复阻抗虚部大于零时，电路呈（　　　）性；若复阻抗虚部小于零时，电路呈（　　　）性；当电路复阻抗的虚部等于零时，电路呈（　　　）性，此时电路中的总电压和电流相量在相位上呈（　　　）关系，称电路发生串联（　　　）。

9. RLC 串联电路出现（　　　）与（　　　）同相的现象称电路发生了串联谐振。串联谐振时，电路的（　　　）最小，且等于电路中的（　　　），电路中的（　　　）最大，动态元件 L 和 C 两端的电压是路端电压的（　　　）倍。

10. 电路发生并联谐振时，电路中的（　　　）最大，且呈（　　　）性质，（　　　）最小，且与（　　　）同相位，动态元件 L 和 C 两支路的电流是输入总电流的（　　　）倍。

11. 在含有 L、C 的电路中，出现总电压、电流同相位，这种现象称为（　　　）。这种现象若发生在串联电路中，则电路中阻抗（　　　）。

12. 品质因数越（　　　），电路的（　　　）性越好，但不能无限制地加大品质因数，否则将造成（　　　）变窄，致使接收信号产生失真。

13. 能量转换中过程不可逆的功率称（　　　）功功率，能量转换中过程可逆的功率称（　　　）功功率。能量转换过程不可逆的功率意味着不但（　　　　　），而且还有（　　　　　）；能量转换过程可逆的功率则意味着只（　　　）不（　　　）。

二、判断题

1. 电感元件在直流电路中相当于短路。　　　　　　　　　　　　　　（　）
2. 在 RLC 并联的正弦电流电路中，总电流有效值总是大于各元件上的电流有效值。　　　　　　　　　　　　　　　　　　　　　　　　　　　　　　（　）
3. 正弦量的三要素是指它的最大值、角频率和相位。　　　　　　　　（　）
4. 无论是直流还是交流电路，负载上获得最大功率的条件都是 $R_L=R_0$。
　　　　　　　　　　　　　　　　　　　　　　　　　　　　　　　（　）
5. 无功功率的概念可以理解为这部分功率在电路中不起任何作用。　　（　）
6. 正弦量可以用相量来表示，因此相量等于正弦量。　　　　　　　　（　）
7. 串联电路的总电压超前电流时，电路一定呈感性。　　　　　　　　（　）
8. 视在功率在数值上等于电路中有功功率和无功功率之和。　　　　　（　）
9. $u_1=220\sqrt{2}\sin(314t)$，$u_2=311\sin(628t-45°)$，那么 u_1 超前 u_2 45°电角。
　　　　　　　　　　　　　　　　　　　　　　　　　　　　　　　（　）
10. 单一电感、电容元件的正弦交流电路中，消耗的有功功率为零。　（　）
11. 为确保中性线（零线）在运行中安全可靠不断开，中性线上不允许接熔丝和开关！　　　　　　　　　　　　　　　　　　　　　　　　　　　　　（　）
12. 几个电容元件相串联，其电容量一定增大。　　　　　　　　　　（　）
13. 提高功率因数，可使负载中的电流减小，因此电源利用率提高。（　）
14. 工程实际应用中，感性电路多于容性电路。　　　　　　　　　　（　）
15. 电阻电感相并联，$I_R=3A$，$I_L=4A$，则总电流为 5A。　　　　（　）
16. 电阻元件上只消耗有功功率，不产生无功功率。　　　　　　　　（　）
17. 只要在感性设备两端并联一电容器，即可提高电路的功率因数。（　）
18. RLC 多参数串联电路由感性变为容性的过程中，必然经过谐振点。
　　　　　　　　　　　　　　　　　　　　　　　　　　　　　　　（　）
19. 实际电感线圈上电压、电流之间存在着相位关系，产生有功功率和无功功率。
　　　　　　　　　　　　　　　　　　　　　　　　　　　　　　　（　）
20. 由电压、电流瞬时值关系式来看，电容元件和电感元件都属于动态元件。
　　　　　　　　　　　　　　　　　　　　　　　　　　　　　　　（　）
21. 耐压值为 220V 的电容器可以放心地用在 180V 的正弦交流电路中。
　　　　　　　　　　　　　　　　　　　　　　　　　　　　　　　（　）
22. RLC 串联电路的复阻抗可用三角形表示其实部、虚部及模三者之间的数量关系。　　　　　　　　　　　　　　　　　　　　　　　　　　　　　　（　）
23. 一个多参数串联的正弦交流电路，其电路阻抗的大小与电路频率成正比。
　　　　　　　　　　　　　　　　　　　　　　　　　　　　　　　（　）
24. 线路负载的功率因数越低，输电线的功率损耗越大，为降低损耗，必须提

高功率因数。（ ）

25. 电压和电流都是既有大小又有方向的电量，因此它们都是矢量。（ ）

26. 感性电路的功率因数往往要比容性电路的功率因数高。（ ）

27. 串联谐振在 L 和 C 两端将出现过电压现象，因此也把串联谐振称为电压谐振。（ ）

28. 谐振电路的品质因数越高，电路选择性越好，因此实用中 Q 值越大越好。
（ ）

29. 避免感性设备的空载，减少感性设备的轻载，可自然提高功率因数。
（ ）

30. 并联谐振在 L 和 C 支路上出现过电流现象，因此常把并联谐振称为电流谐振。
（ ）

三、单项选择题

1. 交流电的三要素是指最大值、频率、（　　）。
   A. 相位　　　　B. 角度　　　　C. 初相角　　　　D. 电压
2. 已知：$C_1=6\mu F$，$C_2=4\mu F$，两电容器并联，则等效电容为（　　）。
   A. $2.4\mu F$　　B. $3\mu F$　　C. $8\mu F$　　D. $10\mu F$
3. 白炽灯上写着额定电压 220V，是指（　　）。
   A. 有效值　　　B. 瞬时值　　　C. 最大值　　　D. 平均值
4. 已知 $i_1=10\sin(314t+90°)$，$i_2=10\sin(628t+30°)$，则（　　）。
   A. i_1 超前 i_2 60°　　B. i_1 滞后 i_2 60°　　C. 相位差无法判断
5. 已知工频电压有效值和初始值均为 380V，则该电压的瞬时值表达式为（　　）。
   A. $u=380\sin314t$　　　　　　B. $u=537\sin(314t+45°)$
   C. $u=380\sin(314t+90°)$
6. 某单相交流电路，A、B 两点电压大约 8V，为了确认电压值，应选用万用表的（　　）档。
   A. DC 10V　　B. AC 10V　　C. DC 50V　　D. AC 50V
7. 电容元件的正弦交流电路中，电压有效值不变，当频率增大时，电路中电流将（　　）。
   A. 增大　　　　B. 减小　　　　C. 不变
8. 实验室中的交流电压表和电流表，其读出值是交流电的（　　）。
   A. 最大值　　　B. 有效值　　　C. 瞬时值
9. $u=-100\sin(6\pi t+10°)$ 超前 $i=5\cos(6\pi t-15°)$ 的相位差是（　　）。
   A. 25°　　　　B. 95°　　　　C. 115°
10. 标有额定值为"220V、100W"和"220V、25W"白炽灯两盏，将其串联后接入 220V 工频交流电源上，其亮度情况是（　　）。
    A. 100W 的灯泡较亮
    B. 25W 的灯泡较亮

C. 两只灯泡一样亮

11. 当电阻 R 上的 u、i 参考方向为非关联时,欧姆定律的表达式应为（　　）。
  A. $u=Ri$　　　B. $u=-Ri$　　　C. $u=R|i|$　　　D. $|u|=Ri$

12. 在正弦交流电路中,电感元件的瞬时值伏安关系可表达为（　　）。
  A. $u=iX_L$　　　B. $u=j\omega L$　　　C. $u=L\dfrac{\mathrm{d}i}{\mathrm{d}t}$

13. 一个电热器,接在 10V 的直流电源上,产生的功率为 P。把它改接在正弦交流电源上,使其产生的功率为 $P/2$,则正弦交流电源电压的最大值为（　　）。
  A. 7.07V　　　B. 5V　　　C. 10V

14. 下列说法中,（　　）是正确的。
  A. 串谐时阻抗最小
  B. 并谐时阻抗最小
  C. 电路谐振时阻抗最小

15. RLC 并联电路在 f_0 时发生谐振,当频率增加到 $2f_0$ 时,电路性质呈（　　）。
  A. 电阻性　　　B. 电容性　　　C. 电感性

16. 电感、电容相串联的正弦交流电路,消耗的有功功率为（　　）。
  A. UI　　　B. I^2X　　　C. 0

17. 在 RL 串联电路中,$R=30\Omega$,$X_L=40\Omega$,在其输入端加上电压 50V,频率为 50Hz 的交流电,那么流过该电路的电流为（　　）。
  A. 1.7A　　　B. 5A　　　C. 0.71A　　　D. 1A

18. 每只荧光灯的功率因数为 0.5,当 N 只日光灯相并联时,总的功率因数（　　）;若再与 M 只白炽灯并联,则总功率因数（　　）。
  A. 大于 0.5　　　B. 小于 0.5　　　C. 等于 0.5

19. 某正弦电压的有效值为 380V,频率为 50Hz,在 $t=0$ 时的值 $u=380V$,则该正弦电压的表达式为（　　）。
  A. $u=380\sin(314t+90°)$　　　B. $u=380\sin(314t)$
  C. $u=380\sqrt{2}\sin(314t-45°)$　　　D. $u=380\sin(314t-45°)$

20. 在 $L=1\mathrm{mH}$ 电感两端加上电压 $u=10\sqrt{2}\sin(1000t-30°)$,则流过电感的电流 I 为（　　）。
  A. 10mA　　　B. $10\sqrt{2}$A
  C. 10A　　　D. $10\sqrt{2}\sin(1000t-120°)$

21. 电感元件的正弦交流电路中,电压有效值不变,当频率增大时,电路中电流将（　　）。
  A. 增大　　　B. 减小　　　C. 不变

22. 314μF 电容元件用在 100Hz 的正弦交流电路中,所呈现的容抗值为（　　）。
  A. 0.197Ω　　　B. 31.8Ω　　　C. 5.1Ω

23. 周期 $T=1\mathrm{s}$、频率 $f=1\mathrm{Hz}$ 的正弦波是（　　）。
  A. $4\cos 314t$　　　B. $6\sin(5t+17°)$　　　C. $4\cos 2\pi t$

24. 关于提高功率因数的几种说法,正确的是（　　）。

A. 为了提高电源的利用率和降低线路上的功率损耗，必须提高线路的功率因数

B. 为了提高电源的利用率和降低线路上的功率损耗，必须提高用电器的功率因数

C. 为了提高电源的利用率和降低线路上的功率损耗，必须在用电器两端并联适当电容

25. 某实验室有额定电压220V、额定功率100W的白炽灯12盏，另有额定电压220V、额定功率2kW的电炉5台，都在额定状态下工作，则在2h内消耗的总电能为（　　）。

A. 22kW·h   B. 10.4kW·h   C. 22.4kW·h   D. 20.4kW·h

四、项目小结

项目四　巩固练习

一、填空题

1. 变压器的主要部件有：器身，包括（　　）、（　　）、（　　　　）、引线；调压装置，即（　　），分为无励磁调压和有载调压；油箱及冷却装置；保护装置，包括储油柜、安全气道、吸湿器、气体继电器、净油器和测温装置；绝缘套管。
2. 按容量变压器可以分为（　　　　）、（　　　　）、（　　　　　）。
3. 按绕组数量变压器可以分为（　　　　）、（　　）、（　　　）。
4. 按冷却介质变压器可以分为（　　　　）、（　　　　）。
5. 变压器油有以下作用：（　　　）、（　　　）、消弧作用。
6. 我国变压器的额定频率是（　　　）。
7. 变压器的损耗主要有：（　　　）、（　　　）。
8. 变压器绝缘受潮会使绝缘电阻（　　　）、介损明显（　　）。
9. 变压器的铁心结构一般分为（　　）和壳式两大类。
10. 干式变压器高压工频耐压是（　　　）kV，低压工频耐压是（　　　）kV。
11. 将（　　）变成（　　）的过程叫整流。
12. 整流器一般由（　　　）、（　　）、（　　　）三部分组成。
13. 在单相桥式整流电路中，如果负载电流是 20A，则流过每只晶体二极管的电流是（　　　）A。
14. 滤波电路中，滤波电容和负载（　　）联，滤波电感和负载（　　）联。
15. 所谓稳压电路，就是当（　　　　　　　　），能使（　　　　）稳定的电路。
16. 硅稳压管在电路中，它的正极必须接电源的（　　）极，它的负极必须接电源的（　　　）极。
17. 并联型稳压电路是直接利用稳压管（　　　）的变化，并通过限流电阻的（　　）作用，达到稳压的目的。
18. （　　　）和（　　　）串联的稳压电路叫串联型稳压电路，串联型稳压电路包括（　　　　）、（　　　　）、（　　　　）和（　　　　）等几部分。

二、判断题

1. 电力变压器是一种能产生能量的设备，容量越大，能量越大。　　　　（　　）
2. 变压器高压侧一定是输入端，低压侧一定是输出端。　　　　　　　　（　　）
3. 变压器的变比指的是高压线电压与低压线电压的比值。　　　　　　　（　　）
4. 环氧树脂干式变压器线圈绝缘材料是红色塑料材料。　　　　　　　　（　　）
5. 我国电网目前最高运行电压为 1000kV，德沃普电气电压等级目前定位是 110kV 及以下产品。　　　　　　　　　　　　　　　　　　　　　　　　（　　）

6. 电力变压器输出电流与变压器容量密切相关，电压越低输出电流越大。
（ ）
7. 电容器、电抗器属于变压器一种形式。（ ）
8. 油浸式变压器温升水平强于干式变压器。（ ）
9. 变压器发现突发短路时，变压器一定会烧毁。（ ）
10. 变压器噪声主要是铁心发出来，减低噪声的办法把铁心夹紧。（ ）
11. 凡是具有单向导电性的元件都可作整流元件。（ ）
12. 直流稳压电源中的变压器都起降压作用。（ ）
13. 单相半波整流电路中，只要把变压器二次侧绕组的端钮对调，就能使输出直流电压的极性改变。（ ）
14. 单相桥式整流电路在输入交流电的每个半周内都有两只二极管导通。
（ ）
15. 串联型稳压电路中的电压调整管相当于一只可变电阻的作用。（ ）
16. 直流稳压电源只能在市电变化时使输出电压基本不变，而当负载电阻变化时它不能起稳压作用。（ ）
17. 串联型稳压电路的比较放大环节可采用多级放大器。（ ）
18. 硅稳压二极管可以串联使用，也可以并联使用。（ ）
19. 稳压管 2CW18 的稳压值是 10~12V，这表明将 2CW18 反接在电路中，它可以将电压稳定在 10~12V 这个范围内。（ ）
20. 并联型稳压电路中负载两端的电压受稳压管稳定电压的限制。（ ）

三、选择题

1. 串联型稳压电路的调整管工作在（   ）。
A. 截止区　　　　　B. 饱和区　　　　　C. 放大区
2. 有两个 2CW15 稳压二极管，一个稳压值是 8V，另一个稳压值是 7.5V，若把它们用不同的方式组合起来，可组成（   ）种不同的稳压值。
A. 3　　　　　　　B. 2　　　　　　　C. 5
3. 直流稳压电源中，采取稳压措施是为了（   ）。
A. 消除整流电路输出电压的交流分量
B. 将电网提供的交流电转化为直流电
C. 保持输出直流电压不受电网电压波动和负载变化的影响
4. 串联型稳压电路实际上是一种（   ）电路。
A. 电压串联型负反馈
B. 电压并联型负反馈
C. 电流并联型负反馈
5. 利用电抗元件的（   ）特性能实现滤波。
A. 延时　　　　　B. 储能　　　　　C. 稳压
6. 在整流电路的负载两端并联一大电容，其输出电压波形脉动的大小将随着负载电阻和电容量的增加而（　　）。

A. 增大　　　　　B. 减少　　　　　C. 不变

7. 单相桥式整流电容滤波电路中，如果电源变压器二次侧电压为100V，则负载电压为（　　）。

A. 100V　　　　 B. 120V　　　　 C. 90V

8. 单相桥式整流电路接入滤波电容后，二极管的导通时间（　　）。

A. 变长　　　　　B. 变短　　　　　C. 不变

9. 单相桥式整流电路中，每个二极管的平均电流等于（　　）。

A. 输出平均电流的1/4

B. 输出平均电流的1/2

C. 输出平均电流

10. 交流电通过单相整流电路后，得到的输出电压是（　　）。

A. 交流电　　　　B. 稳定的直流电　　C. 脉动直流电压

四、项目小结

_____

_____

_____

_____

项目五　巩固练习

一、填空题

1. 对称的三相电源是由三个（　　　　）、（　　　　）、（　　　　）的正弦电源，连接组成的供电系统。

2. 通常可把三相电源连接成（　　　）、（　　　）两种形式。

3. 若将电源定子绕组末端连在一起，分别由三个始端引出三条输电线，称为星形联结。这三条线称为（　　　），末端连接点称中性点，从中性点引出的导线称为（　　　）。

4. 三相电源连接成星形联结，每相上的电压由始端指向末端，叫（　　　）；端线与端线之间的电压叫（　　　）。

5. 三相电源三相绕组一相的末端与另一相的始端依次连接成三角形，从连接点引出三条相线供电称为三角形连接。三角形连接中（　　　）有效值等于（　　　）有效值。

6. 三相电源的相序有（　　　）和（　　　）之分。分别为（　　　）和（　　　）。

7. 三相电源相线与中性线之间的电压称为（　　　　）。

8. 三相电源相线与相线之间的电压称为（　　　　）。

9. 有中线的三相供电方式称为（　　　　）。

10. 无中线的三相供电方式称为（　　　　）。

11. 在三相四线制的照明电路中，相电压是（　　　），线电压是（　　　）。

12. 在三相四线制电源中，线电压等于相电压的（　　　）倍，相位比相电压（　　　）。

13. 三相四线制电源中，线电流与相电流（　　　　）。

14. 对称三相电路星形联结，若相电压为 $u_A = 220\sin(\omega t - 60°)$ V，则线电压（　　　　）V。

15. 中线的作用就在于使星形联结的不对称负载的（　　　）对称。

16. 在三相四线制供电线路中，中线上不许接（　　　）、（　　　）。

17. 在三相正序电源中，若 A 相电压 u_A 初相角为 45°，则线电压 u_{AB} 的初相角为（　　　）。

18. 在三相正序电源中，若 B 相电压 u_B 初相角为 −90°，则线电压 u_{AB} 的初相角为（　　　）。

19. 当三相对称负载的额定电压等于三相电源的线电压时，则应将负载接成（　　　）。

20. 当三相对称负载的额定电压等于三相电源的相电压时，则应将负载接成（　　　）。

21. 如果对称三相交流电源的 U 相电动势 $e_u = E_m\sin(314t + 300)$ V，那么其余两相电动势分别为 e_v = （　　　） V，e_w = （　　　） V。

17

22. 由三根（   ）线和一根（   ）线所组成的供电线路，称为三相四线制电网。三相电动势到达最大值的先后次序称为（   ）。

二、判断题

1. 对称的三相电源是由振幅相同、初相依次相差 120° 的正弦电源连接组成的供电系统。   （   ）
2. 三相电源三角形联结中线电压有效值等于相电压有效值。   （   ）
3. 任意瞬间对称的三相电源的电压之和不为零。   （   ）
4. 一个三相四线制供电线路中，若相电压为 220V，则电路线电压为 311V。（   ）
5. 两根相线之间的电压叫相电压。   （   ）

三、选择题

1. 某三相对称电源电压为 380V，则其线电压的最大值为（   ）V。

A. $380\sqrt{2}$ B. $380\sqrt{3}$ C. $380\sqrt{6}$ D. $\dfrac{380\sqrt{2}}{\sqrt{3}}$

2. 已知在对称三相电压中，V 相电压为 $u_v = 220\sqrt{2}\sin(314t+\pi)$，则 U 相和 W 相电压为（   ）V。

A. $u_u = 220\sqrt{2}\sin\left(314t+\dfrac{\pi}{3}\right)$ $u_w = 220\sqrt{2}\sin\left(314t-\dfrac{\pi}{3}\right)$

B. $u_u = 220\sqrt{2}\sin\left(314t-\dfrac{\pi}{3}\right)$ $u_w = 220\sqrt{2}\sin\left(314t+\dfrac{\pi}{3}\right)$

C. $u_u = 220\sqrt{2}\sin\left(314t+\dfrac{2\pi}{3}\right)$ $u_w = 220\sqrt{2}\sin\left(314t-\dfrac{2\pi}{3}\right)$

3. 三相交流电相序 U-V-W-U 属（   ）。

A. 正序   B. 负序   C. 零序

4. 在如图 5-1 所示三相四线制电源中，用电压表测量电源线的电压以确定零线，测量结果 $U_{12} = 380V$，$U_{23} = 220V$，则（   ）。

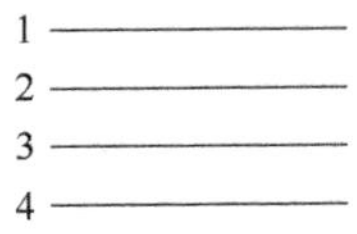

A. 2 号为零线   B. 3 号为零线   C. 4 号为零线

图 5-1

5. 已知某三相发电机绕组连接成星形时的相电压 $u_u = 220\sqrt{2}\sin(314t+30°)$，$u_v = 220\sqrt{2}\sin(314t-90°)$ V，$u_w = 220\sqrt{2}\sin(314t+150°)$，则当 $t = 10s$ 时，它们之和为（   ）V。

A. 380   B. 0   C. $380\sqrt{2}$ D. $\dfrac{380\sqrt{2}}{\sqrt{3}}$

四、项目小结

项目六 巩固练习

一、填空题

1. 集成运放的工作状态有开环工作状态和（　　　）工作状态两种。
2. 反馈量是指从（　　　）端取出的部分或全部信号。
3. OCL 功率放大电路是指没有（　　　　　）的功率放大电路。
4. 因为集成运放输入电阻非常大，可以认为输入电流近似为（　　　）。
5. 稳定静态工作点放大电路引入了发射极电阻，实现了（　　　），所以能够稳定静态工作点。

二、判断题

1. 因为晶体三极管由两个 PN 结组成，所以能用两个晶体二极管反向连接起来当晶体三极管使用。（　　）
2. 一个理想的运算放大器，只能放大差模信号，不能放大共模信号。（　　）
3. 调节负反馈不会改变放大电路的放大倍数。（　　）
4. 二极管里有 1 个 PN 结，因此二极管的功能和 PN 结基本相同。（　　）
5. 半导体材料只有硅和锗两种四价元素。（　　）
6. 同相比例放大电路对于抑制共模干扰有很大的优势，因此，在共模干扰比较强的情况下应优先选择同相比例放大电路。（　　）
7. 电压跟随器是负反馈电路。（　　）
8. 负反馈可以展宽通频带。（　　）
9. 晶体管的工作状态有截止和放大两种。（　　）
10. OTL 功率放大电路一般采用单电源供电，而 OCL 一般采用双电源供电。（　　）

三、选择题

1. PN 结的电容效应可能导致（　　　）。
A. 二极管在高频时单向导电性变差
B. 二极管在高频时单向导电性变好
C. 晶体管在高频时放大倍数提高
D. 稳压管稳压性能更好
2. 集成运算放大器有（　　　）个信号输入端。
A. 1　　　　　　B. 2　　　　　　C. 3　　　　　　D. 4
3. 以下电路中不能进行功率放大的电路是（　　　）。
A. 晶体管射极输出器　　　　　　B. 集成运放电压跟随器
C. 晶体管共射放大电路　　　　　　D. 变压器

四、问答题

1. 当晶体管静态工作点靠近饱和区时,可以采取哪些措施使静态工作点远离饱和区?

2. 如何使用万用表测量二极管好坏?

3. 如何使用万用表判断晶体管的引脚?

4. 如何使用示波器观察信号波形?

5. 常见功率放大电路分为哪几类,其中何种功率放大电路的效率最高?

五、项目小结

项目七　巩固练习

一、填空题

1. 二进制数 101011 转换为十进制数为（　　　）。
2. 共阴 LED 数码管应与输出（　　）电平有效的译码器匹配。
3. 能完成两个一位二进制数相加，并考虑到低位进位的器件称为（　　　）。
4. 数字信号只有（　　）和（　　）两种取值。
5. 当变量 A、B、C 分别为 1、0、0 时，$(A+B+C)AB =$（　　　）。

二、判断题

1. 译码器具有把特定意义的二进制代码转换成相应信息的功能。　（　）
2. 逻辑运算按从左到右的次序运算，没有优先级别问题。　　　　（　）
3. 门电路的多余输入端不能随意处理，应根据需要连接高电平、低电平或输入信号。　（　）
4. 常见门电路有 TTL 和 CMOS 两种类型的结构。　　　　　　　（　）
5. 通常用噪声容限来衡量门电路抗干扰能力，CMOS 门电路的噪声容限与电源电压高低有关。　（　）
6. 组合电路没有记忆功能。　　　　　　　　　　　　　　　　　（　）
7. 组合电路可以用门电路构成，也可以用译码器或数据选择器等构成。　（　）
8. 编码器的输出与输入之间是二进制编码的关系。　　　　　　　（　）
9. 译码器输出端数量一般比输入端数量多。　　　　　　　　　　（　）
10. 半加器和全加器都是进行加法运算的电路。　　　　　　　　（　）

三、选择题

1. 译码器的输出量是（　　　）。
 A. 二进制　　　　　　　　　　　B. 八进制
 C. 十进制　　　　　　　　　　　D. 十六进制
2. 以下表达式中符合逻辑运算法则的是（　　　）
 A. $C \cdot C = C^2$　　　　　　　　B. $1+1 = 10$
 C. $0<1$　　　　　　　　　　　　D. $A+1 = 1$
3. 一个八选一数据选择器的数据输入端有（　　　）个。
 A. 1　　　　　B. 2　　　　　C. 3　　　　　D. 8
4. 下列电路中，不属于组合逻辑电路的是（　　　）。
 A. 译码器　　　　　　　　　　　B. 全加器
 C. 寄存器　　　　　　　　　　　D. 编码器

5. 一只四输入端与非门,使其输出为 0 的输入变量取值组合有( )种。
A. 15　　　　　　B. 8　　　　　　C. 7　　　　　　D. 1

四、问答题

1. 组合逻辑电路的设计需要哪几个步骤来完成?

2. 为什么译码器能够实现组合逻辑函数?

3. 如何由真值表得到最简与或表达式?

4. 如何由表达式得到真值表?

5. 如何由表达式得到逻辑电路图?

五、项目小结

项目八 巩固练习

一、填空题

1. 有一个与非门构成的基本 RS 触发器,欲使其输出状态保持原态不变,其输入信号应为(　　　　　)。
2. 3-8 译码器的输入线有(　　)根,输出线有(　　)根。
3. 半导体发光二极管显示器共阴极接法是各发光二极管(　　)极相接共阳极接法是各发光二极管的(　　)极相接。
4. 数字显示电路由(　　)、(　　)和(　　)三部分组成。
5. 按计数器 CP 脉冲的输入方式计数器可分为(　　　　)和(　　　　)。

二、判断题

1. 触发器是由逻辑门组成,所以它的功能特点是没有记忆功能。(　　)
2. 译码器具有把特定意义的二进制代码转换成相应信息的功能。(　　)
3. 时序逻辑电路中可以不包含触发器。(　　)
4. 同一 CP 控制各触发器的计数器称为异步计数器。(　　)
5. D/A 转换器是将数字信号转换为模拟信号。(　　)

三、选择题

1. 同步时序电路和异步时序电路比较,其差异在于后者(　　)。
   A. 没有触发器
   B. 没有统一的时钟脉冲控制
   C. 没有稳定状态
   D. 输出只与内部状态有关
2. 把一个五进制计数器与一个四进制计数器串联可得到(　　)进制计数器。
   A. 4　　　　　B. 5　　　　　C. 9　　　　　D. 20
3. 多谐振荡器有(　　)。
   A. 两个稳定状态
   B. 一个稳定状态,一个暂稳态
   C. 两个暂稳态
   D. 记忆二进制数的功能
4. 译码器的输出量是(　　)。
   A. 二进制　　　B. 八进制　　　C. 十进制　　　D. 十六进制
5. 对于 D 触发器,欲使 $Q^{n+1}=Q^n$,应使输入 $D=$(　　)。
   A. 0　　　　　B. 1　　　　　C. Q　　　　　D. Q 非

6. JK 触发器在 CP 作用下，若状态必须发生翻转，则应使（　　）。
A. $J = K = 0$　　　B. $J = K = 1$　　　C. $J = 0$, $K = 1$　　　D. $J = 1$, $K = 0$

四、问答题

写出图 8-1 所示电路的驱动方程和状态方程，并画出 Q_0、Q_1 的状态转换图，说明其逻辑功能。设初始状态 $Q_0 = 0$。

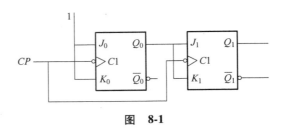

图 8-1

五、项目小结